食品安全科普读物

Popular science book on food safety

舌尖上的安心

CARE FOR WHAT YOU EAT

- 教育部哲学社会科学研究普及读物项目
- 天津市科学技术普及项目
- 天津科技大学科普项目团队编绘
- 图文结合轻松掌握日常食品知识

乔 洁 等著

江 苏 人 民 出 版 社

江苏凤凰美术出版社

图书在版编目（CIP）数据

舌尖上的安心 / 乔洁等著. 一南京：江苏人民出版社：江苏凤凰美术出版社，2017.12
（教育部哲学社会科学研究普及读物）
ISBN 978-7-214-21811-7

Ⅰ. ①舌… Ⅱ. ①乔… Ⅲ. ①食品安全－普及读物 Ⅳ. ①TS201.6-49

中国版本图书馆CIP数据核字(2017)第327790号

书　　名	舌尖上的安心
著　　者	乔洁 等
责任编辑	史雪莲
封面设计	许文菲
出版发行	江苏人民出版社 江苏凤凰美术出版社
出版社地址	南京市湖南路1号A楼，邮编：210009
出版社网址	http://www.jspph.com
印　　刷	江苏凤凰新华印务有限公司
开　　本	889毫米×1194毫米 1/16
印　　张	6.25
字　　数	130千字
版　　次	2018年3月第1版 2018年3月第1次印刷
标准书号	ISBN 978-7-214-21811-7
定　　价	38.00元

（江苏人民出版社图书凡印装错误可向承印厂调换）

鸣谢：

工作中一次偶然的机会和巧合，我萌生了做一本与众不同的普及读物的想法，后来了解到有普及读物这方面的项目，于是我们团队精心准备，积极策划，最终顺利获得了资助。在此衷心感谢教育部社科司，衷心感谢天津市科学技术委员会对团队的信任和支持。

团队成员本着科学严谨的态度，对文中的知识点多次讨论修改，力求准确无误。为配合文字表达，书中插图由团队成员反复设计多次编排，手绘完成，力求达到无障碍阅读的最佳效果。在此，感谢团队所有成员：食品学院王浩老师；管理学院毛文娟老师、杨芳老师、何柳老师、纪巍老师；艺术设计学院李勇老师、张立雷老师；文科基地张杰老师；感谢王语嫣、孙振欧、闫松等同学的辛勤工作；感谢食品伙伴网缪链对本书的支持。感谢所有提供帮助的朋友们！谢谢你们！

因时间关系，本书内容不可能面面俱到，欠缺之处还请大家多批评指正！我们会继续努力，争取把更多的科普知识更好地呈献给读者。

本书依托教育部哲学社会科学研究普及读物项目（14JPJ022）
天津市科学技术普及项目（14KPXM01SY0011）资助

总 策 划 乔洁
统　　稿 乔洁 王浩
文案组织 毛文娟
参编人员 杨芳 何柳 纪巍
技术支持 王浩 孙振欧 张杰
插图绘制 李勇 王语嫣 闫松
美术编辑 张立雷

感谢食品伙伴网缪链对本书的支持

总序

纵观党的历史，我党始终高度重视实践基础上的理论创新，坚持用理论创新成果武装全党，教育人民，引领前进方向，凝聚奋斗力量。七十多年前，著名的马克思主义哲学家艾思奇撰写的通俗著作《大众哲学》，引领一代又一代有志之士选择了正确的人生道路，影响了中国几代读者。

党的十八大以来，习近平总书记把握时代发展新要求，顺应人民群众新期待，提出了一系列新思想、新观点、新论断、新要求，这些推进理论创新的最新成果用朴实、生动的语言，以讲故事、举事例、摆事实的方式与人民同频共振、凝聚共识，增强了人民群众对中国特色社会主义理论体系的认同感和知晓度，凸显了当代中国马克思主义大众化、群众性的基本特征，成为新时期理论创新大众化的新典范。

高等学校学科齐全、人才密集、研究实力维厚，是推进马克思主义中国化时代化大众化、普及传播党的理论创新成果的重要阵地。汇聚高校智慧，发挥高校优势，大力开展优秀成果普及推广，切实增强哲学社会科学话语权，是高校繁荣发展哲学社会科学的光荣任务、重大使命。

2012年，教育部启动实施了哲学社会科学研究普及读物项目。通过组织动员高校一流学者开展哲学社会科学优秀成果普及转化，撰写一批观点正确、品质高端、通俗易懂的科学理论和人文社科知识普及读物，积极推进马克思主义大众化，阐释宣传党的路线方针政策，推广普及哲学社会科学最新理论创新成果，让中国特色社会主义理论体系和党的路线方针政策，更好地为广大群众掌握和实践，转化为推进改革开放和现代化建设的强大精神力量。与一般意义的学术研究和科普类读物相比，教育部设立的普及读物更侧重对党最新理论的宣传阐释，更强调学术创新成果的转化普及，更凸显“大师写小书”的理念，努力产出一批弘扬中国道路、中国精神、中国力量的精品力作。

实现中华民族伟大复兴的中国梦必将伴随着哲学社会科学的繁荣兴盛。我们将以高度的使命感和责任感，坚持学术追求与社会责任相统一，坚持正确方向，紧跟时代步伐，顺应实践要求，不断加快高校哲学社会科学创新体系建设，为不断增强中国特色社会主义道路自信、理论自信、制度自信，推动社会主义文化大发展大繁荣作出更大贡献！

教育部社会科学司

2014年4月10日

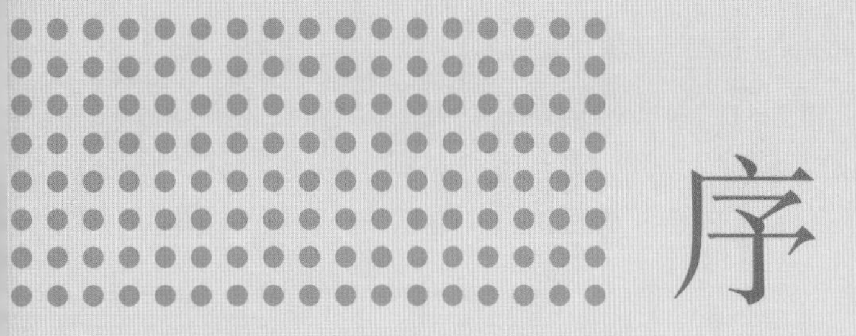

序

“共建共享 全民健康”是建设健康中国的战略主题，也是实现健康中国的基本途径。国务院印发并实施的《健康中国2030规划纲要》中，引导合理膳食，发展自律的健康行为，被高度重视。 因此，引导居民认识食物，形成科学的膳食习惯，以居民为本，逐步提高居民食物知识素养，成为健康中国建设的基础性环节。

食物是人类健康体系中重要的基础，饮食深刻影响着人类健康和地球的生态环境。中国是全球食物多样性最丰富的国家之一，崇尚自然、珍惜食物。中华文明包含着博大精深的饮食文化，为人类健康作出了重要贡献，也是各族人民交往的重要纽带。食品安全和营养是百姓关心的每日生活重要事件，随着日益增长的健康需求，了解食物，了解食品加工、食物安全和营养成为百姓最关心的问题。

“舌尖上的安心”编辑整理了包括谷物、水、蔬菜、水果、食用油、牛奶及乳制品、肉及肉制品等七大类常见食物，并分别对每一大类食物中的若干品种进行介绍，内容包括食物的基本特性、选购及鉴别方法等，语言简洁通俗。本书告诉读者食物的基本理念，是一本通过大量理论和实践总结出的较好的科普用书。书中手绘配图200幅，突破了以往普及读物中多以文字为主的模式，以图片为主，充分体现无障碍阅读的优点，为阅读者带来易识易记有趣的阅读体验。将科学严谨的理论转化为一般读者能够接受的通俗语言，系统化地描述食品科学知识，图片生动一目了然，从而有效引导公众对食品安全风险的正确感知。该书既传递了食物科学的理念，又阐明了实现和应用的手法。以大众健康为中心，强化对食物的认识，对膳食平衡的认识，为大众提供了全方位食品科学的服务。

本书的出版，将给读者带来更为广泛的知识和实践内涵。我与作者们所在的学校，有着多年的工作联系和合作， 基于本书的价值所在， 欣然做序并祝贺出版， 期望每一位读者都有所收获。

杨月欣

中国营养学会 理事长

2017年 11月 于北京

目录

01 GRAIN

谷物……
最好的基础食物

谷物，通常被加工成主食，含有较高的蛋白质及碳水化合物，同时含有磷、钙、镁等无机盐，脂肪含量低，是B族维生素的重要来源。生活中常见的谷物有大米、小麦、大豆、荞麦、燕麦、高粱等。你每天都会吃谷物加工成的主食，但是，你了解谷物吗？知道应该如何选购，如何储存谷物吗？

小麦与面粉

1 小麦自白

在世界粮食作物总产量排名上，小麦输给了玉米，排在了第二。但作为人类主食中的一员，小麦还是非常厉害的，磨成面粉后可以制作面包、馒头、水饺、面条、饼干、意式面食等食物；发酵后还可以制成啤酒、酒精、伏特加哦。

2 小麦有营养

小麦含有清蛋白、球蛋白、醇溶蛋白、麦谷蛋白四种蛋白质。后两种蛋白很有特点哦，可以互相粘聚在一起成为面筋，所以也叫面筋蛋白。不过，小麦主要含有的还是后两种蛋白，它们占了蛋白质含量的80%左右。

此外，还含有较多的维生素B1、维生素B2、维生素B5，胚芽中含有丰富的维生素E。

小麦或面粉中的矿物质（钙、钠、磷、铁等）主要以盐类形式存在，磨成面粉后脱下的麦麸（即麦皮）则含有丰富的维生素B和蛋白质，有缓和神经的功效，能除烦，解热，润脏腑。

3 面粉的分类

根据面粉颜色和面粉颗粒大小的不同，普通面粉可分为一等粉、二等粉、精制粉和高精粉。

按蛋白质含量分类，可分为以下三类：

面粉的分类	蛋白质含量	湿面筋重量	用途
高筋粉	12%—15%	大于35%	制作面包、起酥糕点、泡芙等
中筋粉	9%—11%	25%—35%	水果蛋糕、面包等
低筋粉	7%—9%	小于25%	制作蛋糕、饼干、混酥类糕点等

小麦营养成分（每100克）			
可食部 100	蛋白质（克）11.9	碳水化合物（克）75.2	脂肪（克）1.3
水分（克）10	胆固醇（毫克）0	钠（毫克）6.8	维生素C（毫克）0
能量（千卡）317	镁（毫克）4	硒（微克）4.05	铁（毫克）5.1
能量（千焦）1326	硫胺素（微克）0.4	铜（毫克）0.43	锌（毫克）2.33
维生素E(T)（毫克）1.48	核黄素（毫克）0.1	钙（毫克）34	锰（毫克）3.1
膳食纤维（克）10.8	尼克酸（毫克）4	磷（毫克）325	钾（毫克）289

4 面粉的选购与储存

面粉的选购技巧 ：

1、要够白：颜色越白，面粉品质越好，所以由面粉的颜色可以看出面粉的好坏。当然可以用漂白剂漂白，但是过度的漂白，颜色则为死白灰色。

2、要够筋度：面粉内的面筋构成网状结构，如果网状结构过于软弱将无法做出良好的面食，所以面粉要有足够的筋度。

3、要够耐力：超过预定的发酵时间，但还能做出良好的面食，这叫发酵耐力，好面粉应具有足够的发酵耐力。

4、要够吸水：面粉加水搅拌时，能够加入大量的水，但还要能做出好的面食。

读书多，涨知识

过去为增加面粉的白度，面粉生产过程中可加入适量的过氧化苯甲酰，也就是通常说的增白剂。

我国于2011年5月明确规定，禁止添加。有些不法生产厂家为了降低生产成本，竟添加滑石粉。

人体食用含有滑石粉的面粉后会有肚子发胀现象，给身体健康造成危害，消费者在购买面粉时一定要提高警惕，仔细辨别。

辨别掺假面粉方法如下：

1、掺杂滑石粉的面粉，色泽白皙，手摸非常润滑。遇到可疑面粉，不但要查验包装标识是否齐全，还要查验产品合格证明，更别忘了索要发票。

2、用掺杂滑石粉的面粉和面时面团松散、软塌，难以成形，发现这种情况后要到质监部门检验。如果是含有滑石粉的面粉千万不要食用。

小贴士：面粉的储存方法:

1. 通风良好
2. 理想湿度为50%－70%
3. 理想温度为18℃－24℃
4. 环境洁净，周围环境不能有异味，离墙离地
5. 定期清洁，减少虫鼠滋生

玉米

玉米又叫包谷、玉蜀黍、苞米、棒子，是重要的粮食作物和重要的饲料来源，也是全世界总产量最高的粮食作物。

1 色彩不同的玉米

按颜色的不同，玉米可以分为黄玉米、白玉米、黑玉米、糯玉米、杂玉米，颜色不同含有的色素品种不一样，保健功效也会略有不同。

1. 紫玉米：紫玉米中多了花青素，因而具有抗氧化、防衰老的功效；

2. 黄玉米：黄玉米含有胡萝卜素、玉米黄素、叶黄素等，对于维持视力健康有好处；

3. 糯玉米：糯玉米的蛋白质含量高，大大改善了籽粒的食用品质；

4. 黑玉米：含有大量的花色素，具有很强的清除自由基和抗氧化的能力，同时有降血糖、降血脂、护肝和抗肿瘤的功效。

2 玉米变身

1.玉米油

玉米籽粒脂肪含量高，玉米胚乳中含有丰富的油脂，是加工玉米油的主要原料，并含有丰富的多不饱和脂肪酸（亚油酸）和维生素E。

2.玉米渣和玉米粉

脱胚乳后加工成的特制玉米粉及玉米渣，含油量降低到1%以下，可改善食用品质，粒度也较细，可以与小麦面粉掺和着做各种面食。

同时，由于富含蛋白质和较多的维生素，添加制成的食品营养价值高，是儿童和老年人的食用佳品。

3.玉米淀粉

玉米在淀粉生产中占有重要的位置，世界上大部分淀粉都是用玉米生产的。广泛应用于食品加工、制糖等。

3 选购与储存

1.玉米的选购技巧

选购果实大、籽粒饱满、排列紧密、软硬适中、老嫩适宜、质糯无虫的玉米，同时注意以下几点：

①老玉米须子发干颜色发黑，嫩玉米颜色相对比较浅，呈深褐色；

②玉米颗粒干瘪，说明已不新鲜，放的时间较久，不宜购买；

③新鲜的玉米也有发霉的情况，购买时要仔细挑选；

④遭受病虫害的玉米最好少吃。

2.玉米的储存方法

①脱粒后应晾晒；

②尽量放置在低温干燥的环境里，最好是有通风设施和密封的库房；

③放前充分清理虫卵和其他杂质，避免感染，炎热和霉雨季节要及时查看粮情。

稻米

1 稻米自白

稻米按米质特性可分成糯米、籼米及粳米。糯米煮熟后黏性最高，籼米稍差，粳米最次。按颜色可分为白米、红米、紫红米、血糯、紫黑米、黑米等。

有色米的营养价值比白米高，富含蛋白质、油脂、纤维素，以及人体必需的矿物质和丰富的微量元素，尤其是含白米缺乏的维生素C、胡萝卜素等。有色米中还含有花色苷、强心苷、生物碱、植物甾醇等多种生理活性物质，具有促进机体代谢、抗衰老等保健功能。

小贴士：

实验证明，做米饭时加入3份白米1份黑米，可有效降低血脂水平。

2 稻米变身

1. 米粉：米粉适宜体虚、高热、久病初愈、妇女产后等人群。老年人、婴幼儿消化力减弱者，宜煮成稀粥调养食用。

2. 米皮：用水把大米泡胀，再用石磨碾成米浆，平铺后蒸熟，就加工成米皮了。

3. 淀粉和大米蛋白：大米经浸渍、磨浆和分离处理后，既能得到大米淀粉，经分离后又能得到蛋白质。

3 大米选购技巧

大米选购技巧		
方法	新米	陈米
看色	色泽乳白呈半透明，光滑有光泽，有的米粒会留有黄色胚芽	发黄、无光泽、有糠粉、碎米多、白斑多，粒面有一条或多条裂纹（俗称爆腰粒）
闻味	清香气味	无气味或糠粉味，轻微霉味
手感	手感光滑，手插入米袋后拿出不挂粉	手感发滞，手插入米袋后拿出挂有糠粉
品尝	米质坚实	发粉易碎
浸泡	加水浸泡米粒发白	加水浸泡米粒裂纹多

1.花椒防虫

用白纱布裹上花椒（或者绿茶、大料、姜）分放在米袋中，扎紧袋口，将米袋放在阴凉通风处。

2.容器防虫

将米放在缸、坛、桶、瓶等密封容器中，并严实盖好。如果用布袋装米，要在布袋外面套一塑料袋，扎紧袋口。

3.白酒防虫

在米桶内放一只干净的酒瓶，酒瓶口高于米面，瓶内装上一百克白酒，能防虫防蛀。

豆类

泛指产生豆荚的豆科植物，至今广为栽培的不到20种，常见的有黄豆、绿豆、黑豆、红豆、豌豆等。

1 豆豆有营养

豆豆有很多种，并且每种豆所含的营养成分和食疗作用都不相同。

豆类品种	营养	疗效
黄豆	含丰富的蛋白质、脂肪，还有卵磷脂、大豆异黄酮及多种维生素，与其他食品比较，蛋白质含量高	适于胆固醇偏高、糖尿病、神经衰弱、体质虚弱者；并对延缓人体衰老和缺铁性贫血患者大有好处
绿豆	富含维生素A、维生素B、维生素C	降血压，治疗疮肿烫伤，明目，解酒，对疲劳、肿胀、肾炎、糖尿病、高血压、动脉硬化、肠胃炎、咽喉炎等病症有一定的疗效
黑豆	含有蛋白质、脂肪、维生素、微量元素等多种营养成分，同时具有多种生物活性物质，如黑豆花青素、黑豆红色素和异黄酮等	适于胆固醇偏高、糖尿病、神经衰弱、体质虚弱者；并对延缓人体衰老和缺铁性贫血患者大有好处
红豆	富含维生素B1、B2，蛋白质及多种矿物质	具有清热解毒、健脾益胃、利尿消肿、通气除烦的功效，可治疗小便不利、脾虚水肿、脚气症等，李时珍称红豆为“心之谷”

黄 豆

绿 豆

黑 豆

红 豆

2 豆豆变身

1.大豆油

大豆油是世界上产量最多的油脂，含有大量人体必需的脂肪酸（亚油酸）。

2.豆浆

营养丰富，易于消化吸收，是防治高血脂、高血压、动脉硬化、缺铁性贫血、气喘等疾病的理想食品，享有“植物奶”的美誉。

3.腐竹

是煮沸豆浆表面凝固的薄膜，可鲜吃或晒干后吃。

4.绿豆面

由绿豆磨制而成，多用于制作糕点及小吃。

5.豆腐

豆腐高蛋白，低脂肪，有降血压、降血脂、降胆固醇的功效，是生熟皆可、老幼皆宜、益寿延年的美食佳品。黑豆、黄豆、白豆、豌豆和绿豆等都可用来制作豆腐。

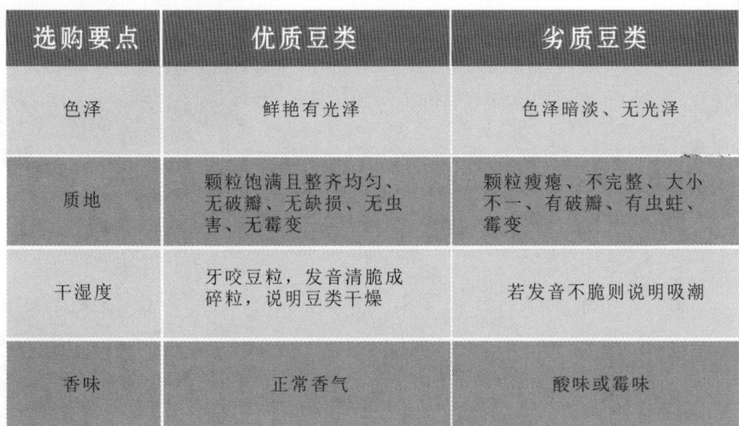

选购要点	优质豆类	劣质豆类
色泽	鲜艳有光泽	色泽暗淡、无光泽
质地	颗粒饱满且整齐均匀、无破瓣、无缺损、无虫害、无霉变	颗粒瘦瘪、不完整、大小不一、有破瓣、有虫蛀、霉变
干湿度	牙咬豆粒，发音清脆成碎粒，说明豆类干燥	若发音不脆则说明吸潮
香味	正常香气	酸味或霉味

豆类的储存

民间常把大豆里的杂物捡干净，然后摊开晒干，装入塑料袋，每个塑料袋装3～5斤，再放入一些剪碎的干辣椒并密封，最后把密封好的塑料袋放在干燥、通风的地方，此种方法可以起到防潮、防霉、防虫的作用。也可将两三瓣大蒜放入装豆类的容器或口袋中防虫。

杂粮（粗粮）

杂粮一族主要包括小米、荞麦、燕麦、薏仁米、高粱等谷类。

1 杂粮自白

1.营养丰富

杂粮含有丰富的纤维素，可增加饱腹感、有助减肥、滋养脾胃、改良肠道环境、治疗便秘。同时还能降低血脂浓度，也有预防高血压、糖尿病、肥胖症和心脑血管疾病的功效。

2.特殊人群适量食用

过多的纤维可导致肠道阻塞、脱水等急性症状，影响吸收，使人体缺乏许多基本的营养元素。纤维素还具有干扰药物吸收的作用，可降低某些降血脂药和抗精神病药的药效。

（1）胃肠功能差的人群

老年人的消化功能减退，而孩子的消化功能尚未完善，吃太多的食物纤维对胃肠是很大的负担。

（2）缺钙、铁等元素的人群

粗粮里含有植酸和膳食纤维，结合形成沉淀，阻碍对矿物质的吸收，影响肠道内矿物质的代谢平衡。

（3）患消化系统疾病的人群

患有肝硬化食道静脉曲张或胃溃疡，进食大量的粗粮易引起静脉破裂出血和溃疡出血。

（4）免疫力低下的人群

长期每天摄入的纤维素超过50克，会使人的蛋白质补充受阻、脂肪利用率降低，造成骨骼、心脏、血液等脏器功能的损害，降低人体的免疫能力。

（5）特殊人群

如怀孕期和哺乳期的妇女、处于生长发育期的青少年，过食粗粮影响吸收而造成的影响最明显。

2 吃粗粮讲方法

1.吃粗粮多喝水

粗粮中的纤维素需要有充足的水分做后盾，才能保障肠道的正常工作，一般多吃1倍纤维素，就要多喝1—2倍水。

2.循序渐进吃粗粮

突然增加或减少粗粮的进食量，会引起肠道反应，对于平时以肉食为主的人来说，为了帮助肠道适应，增加粗粮的进食量时，应该循序渐进，不可操之过急。

3.荤素搭配

荤素搭配，平衡膳食。每天粗粮的摄入量以30—60克为宜，但也应根据个人情况适当调整。

4.粗细搭配

烹调时注意粗细搭配，如把粗粮熬粥或者与细粮混起来吃，搭配蛋白质、矿物质丰富的食品以帮助吸收。

小米

1 小米自白

维生素B1含量最高的一种粮食，蛋白质含量比大米高，是适宜老人、病人、产妇食用的滋补品。

主要功效：

防止消化不良，益于养胃；

抗神经炎、镇静安眠、补元气、降血压；

预防脚气病、治疗重症肌无力等；

减轻皱纹、色斑、色素沉着。

储存方法：

小米的籽粒较小，粮堆孔隙度小，含糠多，糠内含有较多的脂肪，高温条件下容易变质、变味。

储藏时应注意以下几点：

1. 放在阴凉、干燥、通风较好的地方，储藏前水分过大时，不能曝晒，可阴干；

2. 储藏前应去除糠杂；

3. 储藏后若发现吸湿脱糠、发热时，及时出风过筛，除糠降温，以防霉变；

4. 小米易遭受蛾类幼虫等攻击，发现后可将生虫部分排出单独处理，在容器内放1袋新花椒可防虫。

❷ 吃粗粮讲方法

挑选小窍门：

优质小米	劣质小米
颗粒、颜色均匀，呈乳白色、黄色或金黄色，有光泽	有碎米、虫或杂质；手一捻就会成粉状；放在白纸上，用嘴哈气，用纸搓，如纸上出现轻微黄色，可能染有色素
用水浸泡，水的颜色没有变化	如有黄色，说明染有色素
闻起来清香，没有异味	闻起来有霉变味、酸臭味、腐败味或其他不正常的气味
略带甜味	苦涩或其他不良味道

燕麦

禾本科植物，是主要的高寒作物之一，分为皮燕麦和裸燕麦，裸燕麦成熟后不带壳，俗称油麦，即莜麦，国产燕麦大部分是这种。皮燕麦成熟后带壳，如进口的澳洲燕麦。

1 燕麦的营养与功效

燕麦主要营养成分		功效
蛋白质	含量丰富	益肝和胃、降血脂、防癌、抗皱抗氧化、美白祛斑、滋养护发、抗高血粘度和血小板聚集、控制肥胖症
赖氨酸	含量是大米和小麦的两倍以上	增智健骨
脂肪	含量丰富，尤其是必需脂肪酸中的亚油酸	对儿童生长发育和老年人增强体质均有益
膳食纤维	含量丰富	帮助大便通畅
钙、磷、铁锌等矿物质	含量丰富	预防骨质疏松、促进伤口愈合、防治贫血

2 鉴别小窍门

1. 不要选择甜味很浓的燕麦产品，这意味着其中50%以上是糖分。

2. 不要选择口感细腻粘度不足的产品，这说明其中燕麦片含量不高，糊精之类成分含量高。

3. 不要选择添加奶精、植脂末的产品，这种成分对健康无益。

4. 香气是香精带来，而不是纯燕麦片带来，香浓的产品未必品质好。

5. 选择能看得见燕麦片特有形状的产品，即便是速食产品，也应当看到已经散碎的燕麦片。

6. 如果包装不透明，注意看一看产品的蛋白质含量，燕麦片比例过低，不适合做为早餐的唯一食品，必须配合牛奶、鸡蛋、豆制品等蛋白质丰富的食品一起食用。

读书多，涨知识

1."燕麦片"和"麦片"是一种东西吗？

不是。

麦片是多种谷物混合而成，如小麦、大米、玉米、大麦等，其中燕麦片只占一小部分，甚至根本不含有燕麦片。国外的产品喜欢加入水果干、坚果片、豆类碎片等，国内的产品则喜欢加入麦芽糊精、砂糖、奶精（植脂末）、香精等。相比之下，加入水果坚果和豆类较为健康，可以丰富膳食纤维的来源；加入砂糖和糊精会降低营养价值，提高血糖上升速度；加入奶精则不利于心血管健康，因为奶精中含有部分氢化植物油，其中的"反式脂肪酸"成分有促进心脏病发生的危险。

2.燕麦片煮的好还是冲的好？

从健康角度来说，煮的更好一些，因为煮的燕麦片可以提供最大的饱腹感，血糖上升速度最慢，同时需要煮的燕麦片中没有加入任何添加成分，如砂糖、奶精、麦芽糊精、香精等。一冲即食的产品迎合了消费者对于方便和美味的需求，但这种需求并不见得和健康价值一致，如加入了糖分和糊精，不仅降低营养价值，还会让燕麦片血糖上升速度低和高饱腹感的优点受到损失，也有很多产品加入了植脂末（奶精），会让燕麦片有益预防心血管疾病的好处打折扣。

3.认识"黄曲霉素"

黄曲霉毒素是黄曲霉菌和寄生曲霉菌的代谢产物，粮食未能及时晒干或储藏不当时，往往容易被黄曲霉菌或寄生曲霉菌污染而产生此类毒素，比较容易受污染的食品包括玉米、花生、大米。

黄曲霉素在潮湿高热的环境容易产生，随着时间的流逝含量愈发增加。黄曲霉素的"踪迹"极为隐蔽，在农作物霉变初期，"霉菌"还未形成青色绒毛时，黄曲霉素隐匿于玉米光鲜的外表下，轻而易举就能躲过人们的眼睛。

因此对于粮食类食品，一是要选购新鲜的，尽量避免陈米等长期储存的粮食。二要避免高温高湿的存储环境，一个具有良好密封性的罐子尤为重要。夏天还可以在里面放一些吸湿剂，比如一些小食品中的石灰包等。多吃绿叶蔬菜有益于降低黄曲霉素的致癌风险。

果味
天然水
矿物质水
蒸馏水
纯净水
COFFEE
果味汽水
矿物质水
果汁

02 WATER

水 ·········
生命之源

水是生命的源泉，不管渴不渴，你都要喝水，否则一旦缺水，你可能会口干舌燥，容易疲劳，也可能会引起便秘、头晕等病症，甚至可能危及生命。可你知道生活中我们常喝的水分为哪几种吗？水要怎么喝才健康？购买水时需要注意什么？

WATER

包装饮用水

来源于地表、地下或公共供水系统的水，经过加工密封于容器中，开封后可直接饮用。

1 瓶装水家族

1.纯净水

符合生活饮用水卫生标准的水。通过电渗析法、离子交换法、反渗透法、蒸馏法及其他适当的加工方法，除去绝大部分无机盐离子、微生物和有机物杂质，然后灌装在容器内。市场上出售的太空水、蒸馏水都属于纯净水。

2.矿物质水

一般以城市自来水为原料，进行纯净化加工，添加矿物质，再进行杀菌处理。

3.天然矿泉水

不仅含有一定量的矿物盐、微量元素或二氧化碳气体，并且有一项或一项以上达到国家标准中规定的九项（锂、锶、锌、硒、溴化物、碘化物、偏硅酸、游离二氧化碳和溶解性总固体）界限指标的要求。

2 瓶装水选购须知

1.标签和配料表信息丰富

天然矿泉水会在明显位置标出水源地，标明天然矿物的成分与含量，矿物质水一般标明“水+硫酸镁、氯化钾”等食品级矿物添加剂。

2.观察执行的标准

我国的标准体系有国家标准（GB）、行业标准、地方标准（DB）和企业标准（QB），强制力从高到低。

3.观察水的颜色

合格的饮用水应该无色、透明、清澈、无异味、没有肉眼可见异物。

4.选择适合自身体质的水

人的体质有差别，对微量元素的需求也不一样。其中白开水最实惠、最健康。

纯净水添加矿物质的三种方式：

（1）选择用多种食品级矿物质的化合物配成的矿化液，这种瓶装水称为矿化水。

（2）选择用自然界矿物岩石，通过系列处理，溶解在酸性溶剂中的矿溶液，这种瓶装水也称为矿化水。

（3）直接购买食品级的矿物添加剂，按比例混合好后，加入纯净水中，这种称为矿物质水。

3 科学饮用桶装水

1.加热后再饮用

与饮水机合用的桶装水，出水龙头、进水口、排污口等很容易让空气中的微生物、浮层进入水桶中，使桶中的水受到二次污染。出于健康考虑，最好的办法是将水加热后再饮用。

2.10日内饮完

一般以城市自来水为原料，进行纯净化加工，添加矿物质，再进行杀菌处理。

3.避光、消毒

桶装水不宜放置于阳光直射到的地方。饮水机清洗是保障桶装水健康指标不可或缺的一环，一般建议1—2个月清洗消毒一次。

4.不宜长期只饮用纯净水

通过反渗透、电渗析、蒸馏、树脂软化等方式制备的纯净水由于处理过程中不仅去除了对人体有害的化学物质和细菌，同时也除掉了对人体有益的元素，不宜长期饮用。

可口的碳酸饮料

充入了二氧化碳气体，主要包括碳酸水、柠檬酸等酸性物质以及白砂糖、甜味剂、香精等，有些还含有咖啡因、人工色素等成分。

足量的二氧化碳在饮料中不仅能起到杀菌、抑菌的作用，还能通过蒸发带走体内热量，能有效消暑解渴。

同时，甜味会刺激多巴胺分泌，使人产生满足感，影响人的情绪。

果蔬饮料成员

新鲜或冷藏的果蔬，经清洗、压榨、浸提、过滤离心等物理方法，可得到果蔬汁。以果蔬汁为基料，通过加糖、酸、香精、色素等调制的产品，就是果蔬汁饮料。

1 果饮料分类

1.果汁

采用机械方法将水果加工制成的未经发酵但能发酵的汁液，或采用渗滤或浸提工艺提取水果中的汁液再用物理方法除去加入的溶剂制成的汁液，或在浓缩果汁中加入与果汁浓缩时失去的天然水分等量的水制成的具有原水果果肉色泽、风味和可溶性固形物含量的汁液。

2.果浆

采用打浆工艺将水果或水果的可食部分加工制成的未经发酵但能发酵的浆液，或在浓缩果浆中加入与果浆在浓缩时失去的天然水分等量的水制成的具有原水果果肉色泽、风味和可溶性固形物含量的制品。

3.浓缩果汁和浓缩果浆

用物理方法从果汁或果浆中除去一定比例的天然水分而制成的具有原有果汁或果浆特征的制品。

4.果肉饮料

剥了皮的水果经破碎、筛网过滤形成果肉酱料，再经稀释加水、糖液、酸味剂等调制而成。

5.果汁饮料

在果汁或浓缩果汁中加入水、糖液、酸味剂等调制而成的清汁或浊汁制品。成品中果汁含量不低于100g/L，如橙汁饮料、菠萝汁饮料等。

6.果粒果肉饮料

在果汁或浓缩果汁中加入水、柑橘等水果果肉、糖液、酸味剂等调制而成。成品果汁含量不低于100g/L，果粒含量不低于50g/L。

7.水果饮料浓浆

在果汁或浓缩果汁中加入水、糖液、酸味剂等调制而成，含糖量较高，稀释后方可饮用的饮品。

8.水果饮料

在果汁或浓缩汁中加入水、糖、酸味剂等调制而成的清汁或浊汁制品，成品中果汁含量不低于50g/L，如橘子饮料、菠萝饮料、苹果饮料等。

2 蔬菜汁分类

1.蔬菜汁

采用机械方法将水果加工制成的未经发酵但能发酵的汁液，或采用渗滤或浸提工艺提取水果中的汁液再用物理方法除去加入的溶剂制成的汁液，或在浓缩果汁中加入与果汁浓缩时失去的天然水分等量的水制成的具有原水果果肉色泽、风味和可溶性固形物含量的汁液。

2.蔬菜汁饮料

蔬菜汁中加入水、糖液、酸味剂等调制而成的可直接饮用的制品。

3.复合果蔬汁饮料

一定配比的蔬菜汁与果汁的混合汁加入白砂糖等调制而成的制品。

4.发酵蔬菜汁饮料

蔬菜或蔬菜汁经乳酸发酵后制成的汁液中加入水、食盐、糖液等调制而成的制品。

3 果汁选购注意事项

1.选浓度高的果汁

市场上常见四种浓度的果汁饮料：10%、30%、50%和100%。同种产品，原果汁含量越高，营养越高，最好选择100%纯果汁。

2.选择含果肉的果汁

果肉和纤维素对人体健康有益，营养更全面。

3.色泽鲜艳需谨慎

果汁具有近似新鲜水果的色泽。刚生产的果汁颜色鲜艳是正常的，但放置一段时间后颜色会衰变。放置很久也不会改变颜色的果汁，有可能添加了护色剂和防腐剂。

4.细读果汁配料表

标签上标明不含防腐剂、色素等成分的果汁通常注重天然品质，可放心饮用。

植物蛋白饮料种类

植物蛋白饮料是以植物果仁、果肉（如大豆、花生、杏仁、核桃仁、椰子等）为原料，经过加工、调配后，再经高压杀菌或无菌包装制得的乳状饮料。根据加工原料的不同，植物蛋白饮料可分为：豆乳类饮料、椰子乳（汁）饮料、杏仁乳（露）饮料、核桃乳（露）饮料和其他植物蛋白饮料等。

1 植物蛋白饮料的营养价值

从营养的角度来讲，豆乳饮料的营养价值最高，以花生作为主要原料制成的花生牛奶植物蛋白饮料也有较高的营养价值。

从功能的角度来讲，杏仁饮料具有润肺作用，核桃饮料因含有磷脂而具有健脑作用，适合老年人食用。

2 饮用豆类植物蛋白饮料需注意

1.不要冲入生鸡蛋：不利于消化吸收。

2.不要空腹饮用：空腹时，豆奶里的蛋白质大都会在人体内转化为热量，不能充分起到补益作用。

3.不要过量饮用：一次饮用过多蛋白饮料容易引起过食性蛋白质消化不良症，出现腹胀、腹泻等不适。

来瓶茶饮料？

茶饮料是以茶叶的萃取液、茶粉、浓缩液为主要原料加工而成，含有一定量的天然茶多酚、咖啡碱等茶叶有效成分的软饮料。

选茶饮料的四看

1.看包装

正品产品包装印刷清晰，套色自然，瓶盖上的防滑齿纹无磨损现象，瓶身无明显的磨损和变形，且呈透明状。假冒产品往往采用回收的废瓶，瓶盖和瓶身有磨损现象。

2.看颜色

茶饮料一般有绿茶、红茶、乌龙茶等，所以茶饮料常见的颜色有绿色、红褐色两种。选购时要看茶饮料的颜色是否自然，若颜色太深或太浅，很有可能是假冒产品。

3.看茶多酚含量

茶多酚可以保护机体细胞免受侵害，此外还有延缓衰老、抑制心血管疾病、抑制和抵抗病毒等功效。

我国茶饮料国家标准要求茶多酚的含量须≥300mg/kg，其中绿茶茶多酚含量须≥500mg/kg。

4.看能量高低

茶饮料是添加了多种配料的混合饮料，许多甜味的茶饮料热量不亚于碳酸饮料和果汁型饮料，饮用时应注意标签上标明的能量的高低。

优雅的咖啡

1 饮用咖啡的益处

1.含有一定的营养成分

咖啡是用经过烘焙的咖啡豆制作出来的饮料，与可可、茶同为流行于世界的主要饮品。咖啡豆是咖啡树果实里面的果仁，经适当的方法烘焙而成，含有游离脂肪酸、咖啡因、多酚、单宁酸等，可帮助人提高灵敏性、记忆力以及集中力。

2.保护健康

咖啡具有抗氧化及保护心脏、强筋骨、利腰膝、促进胃部消化、活血化瘀、息风止痉等作用，也能消除体内脂肪。

3.对皮肤有益处

咖啡可以促进代谢机能，活络消化器官，对便秘有很大功效。使用咖啡粉洗澡是一种温热疗法，有减肥的作用。

4.消除疲劳

咖啡具有补充营养、促进代谢的功能，有助于消除疲劳。

5.降低得胆结石的几率

咖啡能促进胆囊收缩，减少胆汁内容易形成胆结石的胆固醇，降低胆结石风险。

6.解酒

咖啡可将酒精在体内快速分解成二氧化碳和水，从而达到解酒醒脑的作用。

2 咖啡过量饮用有风险

1.加剧高血压

高血压患者尤其应避免在工作压力大时喝咖啡及含咖啡因的饮料，因为咖啡因能使血压上升，若再加上情绪紧张，即会产生危险性的叠加风险。

2.诱发骨质疏松

咖啡因具有利尿效果，长期大量引用，易造成骨质流失，对骨健康产生不利影响。

3.加重心脏疾病

过量咖啡因可以让神经系统兴奋而造成失眠或神经紧张，易发生耳鸣、心脏机能亢进，如心脏跳动迅速、脉搏次数增加及脉搏跳动不均等。

3 咖啡的选购与储存

1.根据口味选购：

不同品牌的咖啡品质不同，制作时所选的咖啡豆品种、焙炒方法及产品配方均有差异，因此其风味各异。

2.注意包装：

咖啡是不耐贮存的饮品，盛咖啡的容器一旦打开并暴露在空气中，咖啡醇等香精油会逐渐散失，不饱和脂肪酸也会逐渐氧化，放置太久，会失去固有的香味。采用密封罐装和真空包装能较好地保持咖啡原有品质。

3.注意气味：

真咖啡含咖啡碱，具有特殊香气。伪劣咖啡一般是在真咖啡中掺入菊根粉，或谷物、豆类焙炒粉。过期或密封不严的咖啡受潮造成结块，香气滋味明显有变化，有异味。

功能性饮料

顾名思义，通过调整饮料中营养素的成分和含量比例能在一定程度上调节人体功能。含有钾、钠、钙、镁等电解质，成分与人体体液相似，饮用后能迅速吸收，及时补充人体因大量运动出汗所损失的水分和电解质（盐分）等，使体液达到平衡。

功能性饮料的种类及适宜人群

1.多糖饮料

大多指含有膳食纤维的饮料，可以调节肠胃。一般在饭前或饭后喝，能帮助消化，排除体内毒素。便秘的人长期饮用，可调节肠道，缓解和治疗便秘。

2.维生素饮料

除了补充人体所需的维生素外，其中的抗氧化成分还能清除体内垃圾，起到抗衰老的作用。

一般维生素饮料都是含糖量较高的饮料，不建议糖尿病等人士饮用，比如红牛是罐装功能性饮料代表，能起到补充维生素和提神效果，但所含咖啡因不适合未成年人饮用，瓶装英菲动力饮料不含咖啡因，但是也不建议未成年人饮用。

3.矿物质饮料

用于补充人体所需的铁、锌、钙等各种矿物质元素，增强人体免疫功能和身体素质，改善骨质疏松，有效抗疲劳。适合容易疲劳的成人，儿童不宜。

4.运动平衡类饮料

能降低消耗，恢复活力，大多含有大量对人体有益的蛋白质、多肽和氨基酸，能及时补充人体因为大量运动、劳动出汗所损失的水分和电解质（盐分）等，使体液达到平衡状态。适宜体力消耗后的各类人群，儿童不宜，血压高病人慎用。

5.益生菌和益生元饮料

能促进人体肠胃中有益菌生长，改善肠道功能，帮助消化，尤其适合老人和消化不良的人。

6.低能量饮料

低能量饮料所含热量、脂肪、糖分都低于其他功能性饮料，尤其低于补充体能的饮料，适合减肥爱美人士。

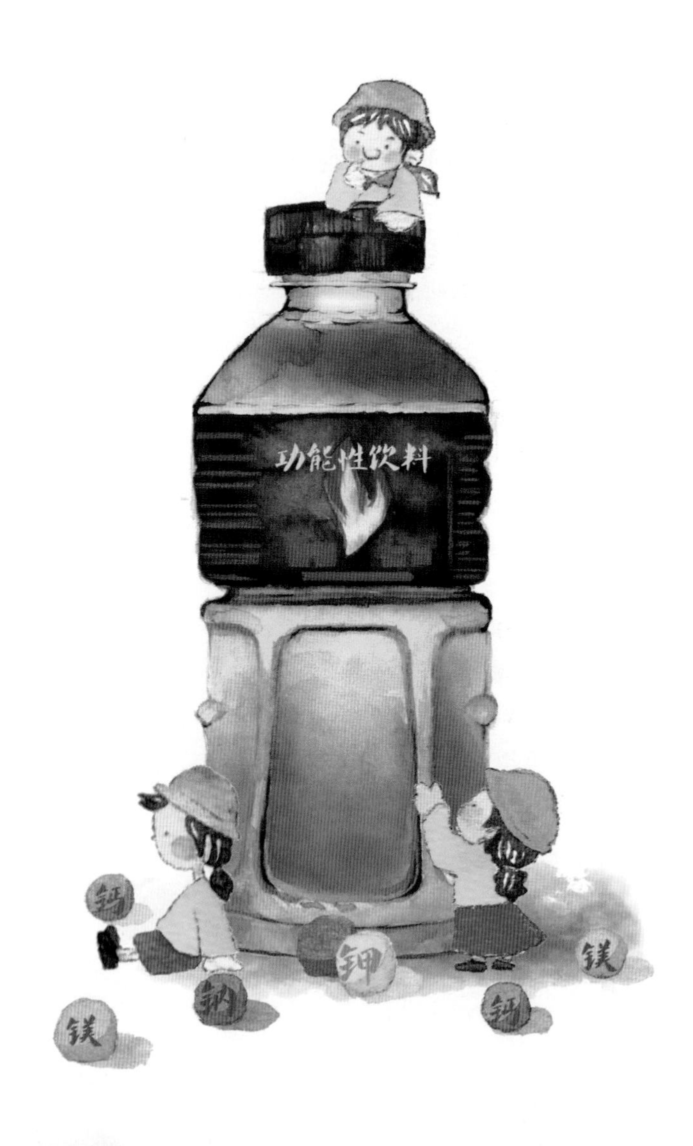

读书多，涨知识

1 常喝纯净水无益健康

通过反渗透、电渗析、蒸馏、树脂软化等方式制备的纯水由于处理过程中不仅去除了对人体有害的化学物质和细菌，也同时除掉了对人体有益的各种成分，长期饮用可能导致微量元素缺乏。

2 碳酸饮料不宜多喝

1.影响骨骼健康

常喝碳酸饮料骨骼健康就会受到威胁。大量碳酸饮料的摄入会影响钙的吸收，引起钙、磷比例失调，从而影响到骨骼和牙齿健康。孕妇在怀孕期间钙需求量增大，所以也应该尽量少喝碳酸饮料。

2.影响人体免疫

碳酸饮料中添加碳酸、乳酸、柠檬酸、磷酸等酸性物质较多，不利于血液循环，人容易疲劳，免疫力下降。

3.影响消化功能

大量的二氧化碳会影响胃酸分泌，并且在肠道中可能对有益菌产生抑制作用，影响消化系统功能。

4.导致肥胖

人体吸收饮料中过多的糖，非常容易引起肥胖，也是引起糖尿病的隐患之一。

3 果汁中的添加剂

为防止真菌引起的腐败变质，果汁饮料有巴氏加热杀菌的工序。同时使用食品添加剂防腐剂，则可降低杀菌温度且可保持抑菌效果。

果汁饮料都有一定的颜色特征，色泽直接影响着消费者的可接受性及对品质的评价。在果汁饮料的加工和贮存过程中，天然色素会发生转化分解而影响果汁的色泽，因此需加入食品添加剂中的着色剂。

为了保证果汁饮料特有的甜度、酸度、口感以及营养成分会加入甜味剂、酸度调节剂、稳定剂和抗氧化剂等。有时为了增加果饮料的健康促进功能，还会添加营养强化剂。

果蔬饮料中常用的食品添加剂有防腐剂（如苯甲酸、苯甲酸钠、山梨酸、山梨酸钾）、酸度调节剂（如磷酸、柠檬酸、富马酸等）、甜味剂（如蔗糖、果葡糖浆、甜蜜素、糖精钠等）、抗氧化剂（如维生素C、维生素E等）、营养强化剂（维生素B12、维生素D等）等。

4 喝果汁可以代替吃水果吗？

为防止真菌引起的腐败变质，果汁饮料有巴氏加热杀菌的工序。同时使用食品添加剂防腐剂，则可降低杀菌温度且可保持抑菌效果。

果汁饮料都有一定的颜色特征，色泽直接影响着消费者的可接受性及对品质的评价。在果汁饮料的加工和贮存过程中，天然色素会发生转化分解而影响果汁的色泽，因此加入食品添加剂中的着色剂。

为了保证果汁饮料特有的甜度、酸度、口感以及营养成分会加入甜味剂、酸度调节剂、稳定剂和抗氧化剂等。有时为了增加果饮料的健康促进功能，还会添加营养强化剂。

5 药物不宜与果汁同服

果汁中含有大量维生素C，呈酸性，如将一些不耐酸的或碱性的药物与果汁同服，不仅会降低药效，还会引起不良反应。如磺胺药与果汁同服，会加重肾脏的负担，对患者健康不利。

6 茶饮料不能代替饮茶

茶饮料成分不等同于茶，不能完全替代茶的降低人体血液黏稠度、防止血栓形成、消除疲劳、增强记忆力和免疫力等功能。

为追求口感大多添加大量糖分，多饮易发胖；而其中柠檬酸类物质会干扰矿物质吸收，不宜过量饮用。饮用茶饮料后最好用白开水漱口，避免其成分在口腔中的残留。睡前尽量不要饮用或者少饮用茶饮料，不用茶饮料送服药品。

7 功能性饮料饮用需谨慎

目前，我国功能性饮料种类多，但仅部分产品标注适宜人群，一些功能性饮料中含有咖啡因等刺激中枢神经的成分，儿童和孕妇应该慎用。

运动饮料中所含的钠会增加机体负担，引起心脏负荷加大、血压升高，高血压人群尤其应当避免饮用。

多种维生素功能性饮料，适当饮用对人体所需的维生素有较好的补充作用，但如果维生素补充过多，同样会造成相应的维生素中毒风险。

8 相关国家标准

饮料国家标准（GB/T 10789-2015）

生活饮用水卫生标准（GB5749-2006）

包装饮用水（桶装水/瓶装水）国家标准（GB19298-2014）

植物蛋白饮料卫生标准（GB 16322-2003）

果蔬汁类及其饮料标准（GB/T 31121-2014）

03 VEGETABLES

蔬菜 ………
餐桌上的主角

蔬菜是我们餐桌上少不了的主角，它可提供人体所必需的多种维生素、矿物质、水分和膳食纤维，含有多种植物化学物质，对人体健康非常有益。可是你了解蔬菜吗？知道应该如何挑选蔬菜、如何清洗和储存蔬菜吗？

VEGETABLES

你吃蔬菜的哪部分？

根菜

萝卜
魔芋

芥疙瘩
紫菜头

茎菜

莴笋
茭白

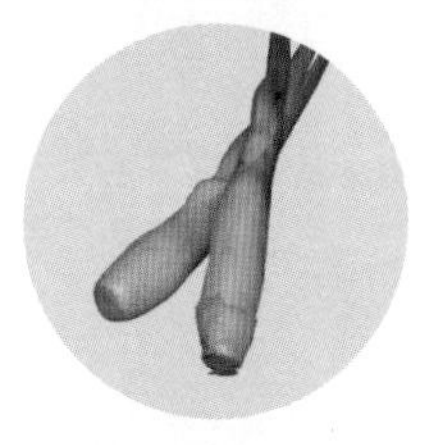

莲藕
马铃薯

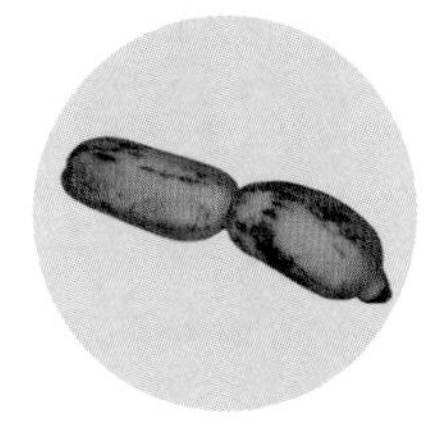

叶菜

白菜
荠菜

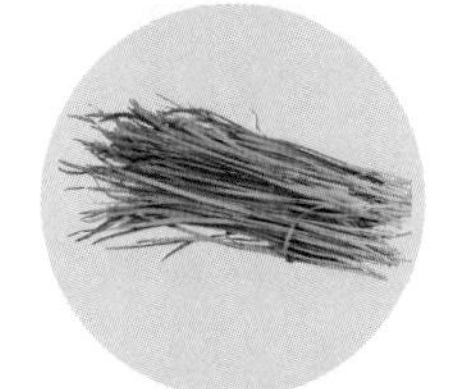

菠菜
韭菜

鳞茎

洋葱
大蒜

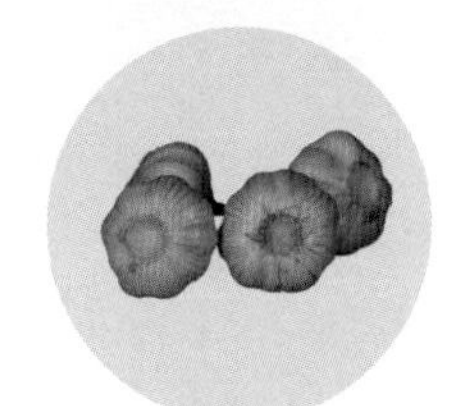

百合

果菜

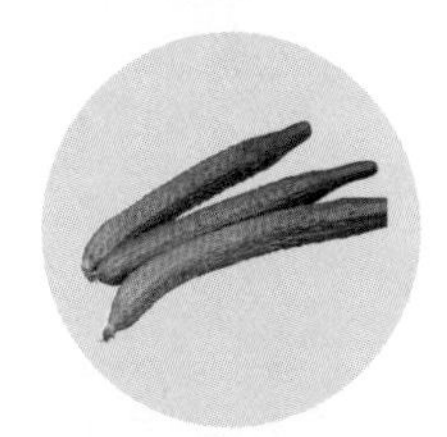

南瓜
黄瓜

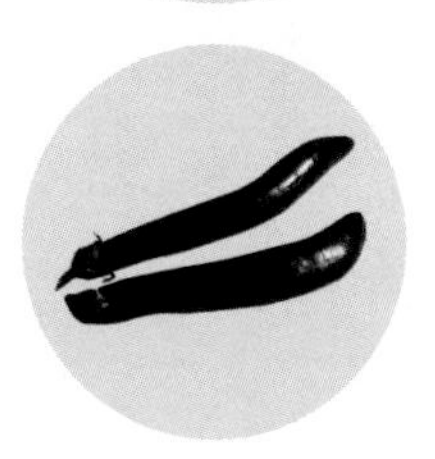

冬瓜
茄子
青椒

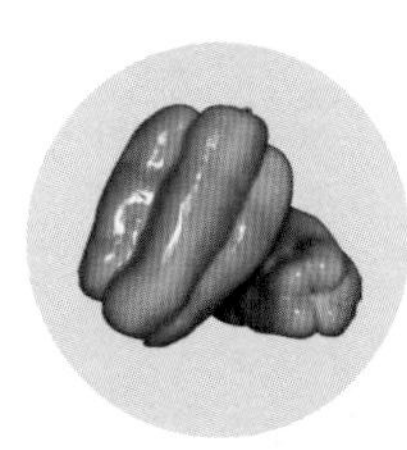

荚果

豆角　豇豆
菜豆　豌豆

杂果

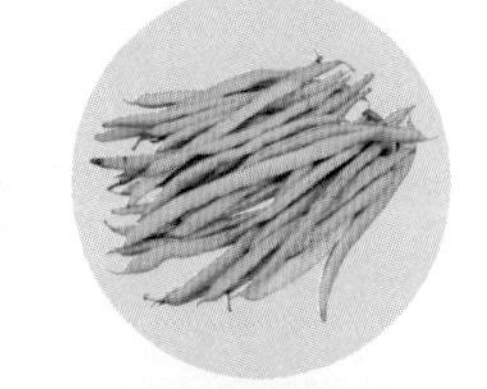

玉米
菱角
秋葵

蔬菜的清洗

1.清水清洗后去皮

对能去皮的蔬菜为防止其农药残留，最好的方法是在清水清洗表皮后去皮。

2.流水冲洗

用水泡很难将蔬菜上的农药完全去除，即使去除了一部分农药，再使用被农药污染的水泡蔬菜也是非常不好的。

用流动的水冲洗蔬菜3—6遍，才能够达到去除部分农残的效果。

3.碱水清洁

放入1—2勺碱粉或小苏打搅匀后浸泡蔬菜，浸泡时间不要超过半个小时，水量尽量没过蔬菜，浸泡后再用流水冲洗，建议蔬菜整棵冲洗。

4.揉搓，增加摩擦力

耐揉搓的蔬菜在清洗的时候可稍微用力揉搓。

5.焯水

焯水可去掉一部分农药残留，使附着的农药随温度升高分解。大部分蔬菜都可以用这种方式去除部分农药，但焯水时间不宜过长以免损害营养。此法适合植酸含量高的蔬菜，如菠菜、油菜、竹笋、芦笋等。

6.长时间阳光照射

阳光长时间照射可加速农药的分解。

7.瓜菜不宜先切后洗

先切后洗，维生素就会通过瓜菜上的切口溶于水中而损失。

蔬菜的挑选

1.不要被美丽的外表迷惑

外表完美好看的蔬菜可能是后期人工处理所致，如处理方法不符合国家标准反而影响消费者身体健康。外表稍有瑕的蔬菜只要无损其营养及品质即可安心选购。

2.不买有异味或药斑的蔬菜

蔬菜的外表如果留有药斑或有不正常的化学药剂气味，应避免选购。

3.不买已开始腐烂的蔬菜

霉菌利用蔬菜的营养产生新的毒素，有致癌、致畸等毒害作用，甚至引起脑及中枢神经系统的损害。

蔬菜的储存与保鲜

1.降低呼吸作用，延长贮藏期

多数蔬菜的安全储存温度是0—10℃。

2.保湿很重要

用纸或保鲜膜包裹后储藏，避免蔬菜由于脱水、潮湿而腐烂。

3.放置有窍门

菜心、芥兰、芦笋、大葱等有花蕾、茎尖的蔬菜宜竖放。大白菜、卷心菜等球形蔬菜宜横放或倒放，食用时只需将最外层变黄的叶子掰掉即可。

4.蔬菜不宜久放

已经发黄、萎蔫、水渍化时，不要继续食用。

5.熟菜不宜在铁锅或铝锅中存放

铁可催化脂肪氧化反应，使蔬菜出现怪异的味道。人体摄入过多的铝会危害神经系统和心血管系统，影响健康。

绿叶菜的最佳吃法——焯水、快炒、勾芡、勿加醋

绿叶菜的正确吃法应是先洗后切，如果先切后洗，蔬菜切断面溢出的维生素C会溶于水而流失。切好的菜迅速烹调，放置稍久易导致维生素C氧化。

“隔夜菜”为何不健康？

绿叶菜中含有硝酸盐类，放置时间过久，硝酸盐便会还原成亚硝酸盐，是诱发胃癌的危险因素之一。

读书多，涨知识

1 无公害蔬菜”“绿色蔬菜”“有机蔬菜”的区别

	界定	标准	标志
无公害蔬菜	蔬菜中有害物质（如农药残留、重金属、亚硝酸盐等）的含量，控制在国家规定的允许范围内，人们食用后对人体健康不造成危害的蔬菜。	《无公害农产品管理办法》（农业部、质检总局2002年第12号令）	
绿色蔬菜	遵循可持续发展的原则，在产地生态环境良好的前提下，按照特定的质量标准体系生产，并经专门机构认定，允许使用绿色食品标志的无污染的安全、优质、营养类蔬菜的总称。	《绿色食品产地环境质量标准》（NY/T 391-2013 ）	绿色食品®
有机蔬菜	来自于有机农业生产体系，根据国际有机农业的生产技术标准生产出来的，经独立的有机食品认证机构认证允许使用有机食品标志的蔬菜。	《有机产品国家标准》（GBT19630.1——4-2005）	有机食品 CERTIFIED ORGANIC

小贴士

2 蔬菜中特殊营养，你知道吗？

蔬菜	营养素	妙效
无公害蔬菜	蛋白质，糖类，维生素B2、维生素C、维生素E，胡萝卜素，尼克酸，钙、磷、铁，黄瓜酸，葫芦素，细纤维，蛋白酶，丙醇二酸	美白肌肤，消除晒伤和雀斑，缓解皮肤过敏，促进新陈代谢，排出毒素，增加对蛋白质的吸收，抑制碳水化合物在体内转化为脂肪，瘦身
胡萝卜	胡萝卜素、可溶性纤维素	保护眼睛提高视力、降低血胆固醇、防治癌症与心血管病
白萝卜	芥子油、维生素C	促进脂肪新陈代谢，促进消化，增强食欲，加快胃肠蠕动，止咳化痰，抑制黑色素合成，阻止脂肪氧化，防止脂褐质沉积，使皮肤白净细腻
冬瓜	组氨酸、尿酶，多种维生素、微量元素	美白肌肤
番茄	维生素C、番茄红素（强抗氧化剂）	抗癌，增强抵抗力，阻止人体对致癌物亚硝胺的吸收，防治前列腺癌及心血管疾病
茄子	多种生物碱	抗癌，降血脂，杀菌，通便
辣椒、甜椒	维生素C含量在蔬菜中居第一位，并含胡萝卜素、辣椒素、叶酸，钙和铁等矿物质及膳食纤维	防癌，瘦身，美肤，增强血凝溶解
蘑菇	多种生物碱	防止高胆固醇血症、便秘和癌症
芹菜	纤维素，芹菜油，蛋白质，维生素	促进胃肠蠕动，止血，利尿，降血压
花椰菜、花菜甘蓝、芥兰	硫甙葡萄甙类化合物、吲哚类萝卜硫素、异硫氰酸盐、类胡萝卜素、维生素C	预防胃癌、肺癌、食道癌、防治心血管病
芦笋	谷胱甘肽、叶酸	防止新生儿脑神经管缺损，防肿瘤
大豆、毛豆黑豆等豆类	类黄酮、异黄酮、蛋白酶抑制剂、肌醇、大豆皂苷、维生素B	降低血胆固醇、调节血糖，降低癌症发病及防治心血管病、糖尿病
海藻类	纤维素，钾、钙等无机盐	促进肠蠕动，平衡血液的酸碱度，防治甲状腺肿大
红薯	去氢表雄酮、膳食纤维	预防结肠癌和乳腺癌
葱、蒜	二丙烯化合物、甲基硫化物	防治心血管疾病，防癌症，消炎杀菌

04 FRUIT

水果……餐前餐后的营养主角

水果富含多种营养物质（如碳水化合物、维生素、果糖、有机酸等）且味道鲜美，是补充营养和调剂口味的绝佳食品。水果你几乎天天都吃，每天多吃些水果，不仅有助于身体健康，还能提升心理幸福感。可你知道水果的品性吗？知道该如何挑选、清洗和保存水果吗？

FRUIT

了解水果的“品性”

最常见的对水果的分类是从中医的角度，按照水果的味性进行分类的：

- 水果的品性：热性水果
- 适合的体质：寒性体质
- 常见品种：榴莲、黑枣、荔枝、龙眼（桂圆）、桃子、樱桃、水蜜桃等

- 水果的品性：温性水果
- 适合的体质：寒性体质
- 常见品种： 芒果、椰子、金桔、红枣、李子(微温)、乌梅、杏等

- 水果的品性：平性水果
- 适合的体质：适合各种体质
- 常见品种： 柠檬、菠萝、葡萄、柳橙、甘蔗、木瓜、橄榄等

● 水果的品性：凉性水果

适合的体质：适合热性体质

常见品种： 梨、苹果（微凉）、杨桃、山竹、葡萄柚、草莓（微凉）、枇杷、

● 水果的品性：寒性水果

适合的体质：适合热性体质

常见品种： 西瓜、甜瓜、柚子、柑、橙、柿子、香蕉、桑椹、奇异果等

慧眼挑选“安全”的水果

1 建议吃应季水果

从中医顺应时节养生的理念来看，应吃应季水果，不仅更新鲜，营养更丰富，而且经济划算。（图见第43页）

2 不要刻意注重外观

选购时不用刻意挑选外观鲜美、亮丽而无病斑、虫孔的水果。外表稍有瑕的水果无损其营养及品质，而且价格较便宜。我们既要重视外貌，更要重视内涵。

3 不买有异味或药斑的水果

水果的外表如果留有药斑或有不正常的化学药剂气味，应避免选购这样的水果。

小贴士：

安全水果，是指符合卫生部药检标准的高品质水果，最重要的特性是低或没有农药残留。

以下是几点选购水果需要注意的事项：

4 不买已开始腐烂的水果

长期食用可能有致癌、致畸等毒害作用，甚至可引起脑及中枢神经系统的损害。

5 选购新鲜的水果

以药剂来延长贮存时间的水果，新鲜度和营养都会下降。

11月

苹果、圣女果、山竹、香蕉、木瓜、柚子、橙子、橘子、甘蔗、火龙果、葡萄、草莓、百香果、杨桃、无花果、番石榴、火龙果、黑提子、柠檬、菠萝

12月

10月

苹果、圣女果、猕猴桃、香蕉、木瓜、百香果、杨桃、无花果、橘子、柚子、橙子、柿子、石榴、番石榴、火龙果、西瓜、黑提子、柠檬、菠萝蜜、梨、山楂、哈密瓜、葡萄、大枣

9月

苹果、梨、柚子、葡萄、芒果、香蕉、木瓜、百香果、杨桃、橘子、石榴、猕猴桃、番石榴、西瓜、黑提子、香瓜、柠檬、菠萝蜜、菠萝、火龙果、山楂、红毛丹、哈密瓜、大枣、柿子、牛油果

8月

苹果、芒果、香蕉、圣女果、石榴、葡萄、猕猴桃、水蜜桃、蓝莓、木瓜、杨桃、番石榴、西瓜、黑提子、香瓜、柠檬、菠萝蜜、菠萝、火龙果、榴莲、龙眼、百香果、李子、哈密瓜、黑布林、牛油果、蛇皮果、大枣

7月

芒果、葡萄、香蕉、圣女果、菠萝、荔枝、杨梅、李子、番石榴、西瓜、水蜜桃、蓝莓、香瓜、哈密瓜、柠檬、莲雾、火龙果、油梨、龙眼、百香果、菠萝蜜、杏、黑布林、榴莲、杨桃、蛇皮果

芒果、香蕉
西瓜、香瓜
杨梅、树莓

山竹、香蕉、木瓜、
、杨桃、无花果、番石
檬、菠萝、柑橘、甘蔗

木瓜、圣女果（小西红柿）、猕猴桃、杨桃、青枣、甘蔗、草莓、番石榴、柑桔、香蕉、柑橘橙、苹果 **1月**

木瓜、圣女果、杨桃、青枣、甘蔗、草莓、番石榴、柑桔、香蕉、苹果 **2月**

菠萝、芒果、圣女果、杨桃、青枣、草莓、番石榴、香蕉、柑桔 **3月**

芒果、菠萝、山竹、枇杷、圣女果、荔枝、番石榴、香蕉、柠檬、树莓、香瓜 **4月**

芒果、圣女果、草莓、荔枝、樱桃、番石榴、香蕉、桃、香瓜、菠萝、柠檬、莲雾、杏、枇杷、树莓、火龙果 **5月**

火龙果、荔枝、番石榴、
桃、杏、水蜜桃、榴莲、**6月**
菠萝蜜

水果的清洗

食用水果最大的安全隐患是农药残留。

1 清水清洗后去皮

用清水清洗表皮后去皮，可去除水果表面的农药残留。

2 流水冲洗

用流动的水冲洗，可去除部分农残。

3 碱水浸泡冲洗

放入1—2勺小苏打，浸泡半小时左右，再用流水冲洗。

4 揉搓

清洗时可略用力揉搓，增加去污效果。

水果的储存

购买水果后，应该使用正确的方法贮藏，才能使水果保持新鲜，让营养成分不流失。

1 置于通风阴凉处

2 冰箱冷藏

3 几种常见水果的保存方法

◎苹果

成箱采购或购买数量较多，可选购成熟晚、硬度高、着色好、无病虫、无损伤的苹果，用白纸单个包好，整齐地放于纸箱或木箱里，置于通风、温度较低处，可保存较长时间。如果少量存放，可用塑料袋将苹果包好扎紧，放入冰箱冷藏。

◎香蕉

买回时，可先用清水冲洗几遍，减轻催熟剂的腐蚀。保存温度最好控制在8至23摄氏度之间，不可放入冰箱冷藏。一般可用保鲜膜包裹住香蕉，尽量减少与空气的接触，防止褐变，延长保存期。也可用报纸或较厚的纸包裹，包裹好之后最好悬挂起来，减少受压面积，这样香蕉能保持好“品相”。

◎草莓

冰箱冷藏3℃左右，可存2—3天。

◎桃子

放置于阴凉处或简单洗净后擦干，用保鲜膜包裹好后再放入冰箱。保存时，把好桃和坏桃分开，以免腐烂的桃子加速好桃变质。

读书多，涨知识

1 减肥人士请注意：水果在减肥时能替代粮食吗？

水果的营养不能替代粮食。中国营养学会推荐健康成年人每天吃200—400克的水果（不算皮核重），简单说，每天不超过一斤的水果就好了。特别是一些贫血缺锌、消化不良的女生要注意，经常用大量水果汁替代一餐，不是容易引起腹泻，就是会营养不良导致脸色变差！

2 干制水果不能代替鲜果！

干制水果相较于新鲜水果，维生素C等营养素损失较大。加工过程中使用了油脂的干制水果，会造成脂肪含量的升高。

3 不宜空腹吃的水果

有一些水果最好不要空腹吃，如圣女果、橘子、山楂、香蕉、柿子等。

- 圣女果中含可溶性收敛剂，如空腹吃，会与胃酸相结合而使胃内压力升高引起胀痛。
- 橘子中含大量有机酸，空腹吃，易产生胃胀、呃酸。
- 山楂味酸，空腹吃会胃痛。
- 香蕉中的钾、镁含量较高，空腹吃香蕉，会使血中镁量升高而对心血管产生抑制作用。
- 柿子遇到胃酸会形成柿石，既不能被消化，又不能排出，空腹大量食用，会出现恶心呕吐等症状。

/早餐时间宜吃的水果

早晨的消化功能还处于低谷，而又急需补充体内的营养素，宜吃易于消化吸收的，酸性不太强的水果，如苹果、梨、葡萄。

/对眼睛有好处的水果

对常坐电脑前或其他容易用眼疲劳的人来说，可以多吃火龙果、圣女果、橘子、蓝莓、香蕉等水果。

/对睡眠有好处的水果

睡眠质量不高的人可以尝试睡前吃这些水果，如苹果、猕猴桃、香蕉、葡萄、菠萝、龙眼、红枣。

4 部分水果的相关标准

● 限量

NY 1440-2007 热带水果中二氧化硫残留限量

● 体系规范

GB 18406.2-2001 农产品安全质量 无公害水果安全要求

GB/T 18407.2-2001 农产品安全质量 无公害水果产地环境要求

NY/T 5344.4-2006 无公害食品 产品抽样规范 第4部分：水果

SN/T 1881.2-2007 进出口易腐食品货架贮存卫生规范 第2部分：新鲜果蔬

SN/T 1884.1-2007 进出口水果储运卫生规范 第1部分：水果储藏

SN/T 1884.2-2007 进出口水果储运卫生规范 第2部分：水果运输

● 产品及卫生标准

GB/T 10650-2008 鲜梨

GB/T 10651-2008 鲜苹果

GB/T 12947-2008 鲜柑橘

GB/T 22345-2008 鲜枣质量等级

GB/T 26150-2010 免洗红枣

LY/T 1747-2008 杨梅质量等级

NY 5014-2005 无公害食品 柑果类果品

NY 5086-2005 无公害食品 落叶浆果类果品

NY 5112-2005 无公害食品 落叶核果类果品

NY 5182-2005 无公害食品 常绿果树浆果类果品

SB/T 10448-2007 热带水果和蔬菜包装与运输操作规程

SN/T 1886-2007 进出口水果和蔬菜预包装指南

FRUIT STAN

菜籽油
Olive Oil
橄榄油
菜籽油
花生油
黄油
菜籽油
花生油
菜籽油
黄油

05 EDIBLE OIL

食用油 ………
健康烹饪第一步

食用油是生活的必需品，能够提供人体热能和必需脂肪酸，促进脂溶性维生素吸收。你只要烹饪菜肴，就需要用到食用油，可是你了解食用油吗？你知道不同的食用油分别适合怎样烹制食物吗？知道如何选购和储存食用油吗？

了解食用油

1 植物油和动物油

食用油按油脂来源可分为植物油和动物油。

植物油富含不饱和脂肪酸和维生素，而动物油则富含饱和脂肪酸，且大多含有胆固醇。

植物油中的单不饱和脂肪酸提供身体热量，多不饱和脂肪酸促进人体生长发育，降低胆固醇，保持血液、血管健康。动物油中的饱和脂肪酸则会增加人体胆固醇含量，导致血管阻塞、高血压等症状。

2 物理压榨油和化学浸出油

食用油按生产工艺不同可分为物理压榨油和化学浸出油。

● 物理压榨法是通过施加物理压力把油脂从油料中分离出来，不添加任何化学物质，榨出的油的各种成分保持较为完整，但缺点是出油率低。

● 化学浸出法是选用符合国家相关标准的溶剂，通过溶剂与处理过的固体油料中的油脂接触而将其萃取溶解出来，并用严格的工艺脱除油脂中的溶剂。

两种方法相比，浸出法出油率更高，加工成本更低，油料资源能得到充分利用。

只经过压榨或浸出一道工序而未经精炼等工艺处理的油叫毛油，含有较多的胶质、游离脂肪酸、有色物质等，不宜直接食用，只能作为成品油的原料。

精炼加工处理，也就是经过脱胶、脱酸、脱色、脱臭等工艺，使油成为杂质含量少，宜储存，颜色较浅、澄清的精制油。

3 常见的食用油

市面上常见的食用油有大豆油、花生油、橄榄油、茶籽油、葵花籽油、菜籽油、玉米油、芝麻油、亚麻油、红花籽油、色拉油、调和油、棕榈油、黄油、植物奶油等。

食用油	营养价值及特点	适宜的烹调方式
◎大豆油	含单不饱和脂肪酸约24%，多不饱和脂肪酸偏高，约占56%，维生素E含量较高	在高温下不稳定，不适合高温煎炸，故而往往被加工成色拉油等。比较适合熬汤用
◎花生油	含有40%的单不饱和脂肪酸和36%的多不饱和脂肪酸，富含维生素E	适合日常炒菜用，但不适合煎炸食物
◎橄榄油	单不饱和脂肪酸含量可达70%以上，不含胆固醇，消化率可达到94%左右	适合煎、炒、凉拌
◎茶籽油（茶油）	它的脂肪酸构成与橄榄油相似，其中不饱和脂肪酸高达90%以上，单不饱和脂肪酸占73%之多，含有一定量的维生素E，对预防心血管疾病很有帮助	适合煎、炒、烹、凉拌
◎葵花籽油（向日葵油）	不饱和脂肪酸含量达85%，其中单不饱和脂肪酸和多不饱和脂肪酸的比例约为1：3.5	适合温度不高的炖炒，但不宜单独用于煎炸食品

食用油	营养价值及特点	适宜的烹调方式
◎菜籽油（菜油）	消化吸收率高，且有利胆功能。含有微量的芥酸和芥子苷等物质，对儿童的生长发育可能有不利影响	不适合凉拌，在食用时与富含有亚油酸的优良食用油配合食用，其营养价值将得到提高
◎玉米油（粟米油、玉米胚芽油）	它的单不饱和脂肪酸和多不饱和脂肪酸的比例约为1：2.5，富含维生素E和一定量的抗氧化物质	可以用于炒菜和凉拌菜
◎芝麻油（香油）	富含维生素E，单不饱和脂肪酸和多不饱和脂肪酸的比例是1：1.2，对降血脂有帮助	适合做凉拌菜，或在菜肴烹调完成后用来提香
◎亚麻油（胡麻油）	有一种特殊的气味。另外，由于它含有很高的必需脂肪酸亚麻酸，贮藏稳定性和热稳定性均较差	不宜炒、炸，可凉拌
◎红花籽油	主要成分是亚油酸，营养价值高，适合三高人群	精制红花籽油可以直接口服。可用红花籽油冲调开水打散的鸡蛋。可凉拌，煎、热炒

食用油	营养价值及特点	适宜的烹调方式
◎ 色拉油	呈淡黄色，澄清、透明、无气味、口感好，烹调时不起沫、烟少，能保持菜肴的本色风味	可烹调、凉拌，还可作为人造奶油、起酥油、蛋黄酱及各种调味油的原料油
◎ 调和油	由脂肪酸比例不同的植物油脂搭配而成，可取长补短，具有良好的风味和稳定性	适合日常炒菜
◎ 棕榈油	木本油料，油棕果实的果肉中榨取，含有50%的饱和脂肪，稳定性较好，不容易发生氧化变质，烟点高	适合高温油炸食品
◎ 黄油（氢化植物油、植物黄油、人造黄油）	含脂肪80%以上，其中饱和脂肪酸含量达到60%以上，还有30%左右的单不饱和脂肪酸	适合高温烹调
◎ 植物奶油	口感和烹调效果类似黄油，脂肪酸比例也类似黄油。其中不含有胆固醇，但可能含有不利于健康的“反式脂肪酸”，营养价值比黄油低	广泛用于烘焙领域

食用油的选购

1 看等级

按照国家相关标准，市面上销售的食用油必须按照质量和纯度分级，达到相应的质量指标。除了橄榄油和特种油脂之外，按照其精炼程度，大豆油、玉米油、菜籽油等，一般分为四个等级，一级的级别最高，精炼程度也最高。

一、二级油的精炼程度较高，经过了脱胶、脱酸、脱色、脱臭等过程，具有无味、色浅、烟点高、炒菜油烟少、低温下不易凝固等特点。有害成分的含量较低，如菜油中的芥子甙等被脱去，但同时也流失了很多营养成分，如大豆油中的胡萝卜素在脱色的过程中就会流失。

三、四级油的精炼程度较低，只经过了简单脱胶、脱酸等程序。其色泽较深，烟点较低，在烹调过程中油烟大，大豆油中甚至还有较大的豆腥味。杂质的含量较高，但同时也保留了部分胡萝卜素、叶绿素、维生素E等。

只要符合国家卫生标准，选哪个等级的食用油都不会对人体健康产生危害。一、二级油的纯度较高，杂质含量少，可用于较高温度的烹调，如炒菜等，但也不适合长时间煎炸；三、四级油不适合用来高温加热，但可用于做汤和炖菜，或用来调制馅等。

2 看种类

目前市面上销售的食用油有来源单一的油，例如茶籽油、大豆油、花生油等，其所含的脂肪酸各有特点，也有几种油脂混合而成的油，也就是调和油。调和油的原料通常是大豆油、菜籽油、花生油、棉籽油、葵花籽油和玉米胚油等。可以根据不同的年龄和健康需求选购。

对于孩子和青年人来说，各种植物油都可以食用，人造黄油也可以少量食用，但植物奶油中的反式脂肪酸对儿童神经系统发育不利，要尽量少吃。对老年人来说，由于黄油和植物奶油的饱和脂肪酸含量过高，植物奶油中的反式脂肪酸更会增大糖尿病和心血管疾病风险，应当尽量避免使用这些油脂。对于高血脂患者来说，选择富含单不饱和脂肪酸的茶油和橄榄油更为理想，花生油和玉米油也是比较好的选择。

SELECT

3 看包装

购买食用油时，应首先看包装是否完整，标识是否齐全。国家规定，食用油的外包装上必须标明商品名称、配料表、质量等级、净含量、厂名、厂址、生产日期、保质期等内容，必须要有SC（质量安全）标志。生产企业必须在外包装上标明产品原料生产国以及是否使用了转基因原料，必须标明生产工艺是“压榨”还是“浸出”。有的产品包装上有标识如“5S”压榨，或“4S”等字样，其实这些并不是行内的专业标识，而是企业为了配合宣传提出的“概念”。

其次，应尽量选择生产日期近且最好是在避光条件下保存的油脂。没有生产日期的散装食用油质量无法保证，很可能存在酸价和过氧化值超标的问题，因此需谨慎购买。

最后，还需注意包装上的商品条码和生产日期是否规范，是否有改动迹象，以防买到随意更换包装标志、擅自改换标签的食用油。选购桶装油还要看桶口有无油迹，如有则表明封口不严，会导致油在存放过程中的加速氧化。

4 看颜色、透明度

国家标准规定，一级油比二级、三级、四级油的颜色要淡，同一品种同一级别的油，颜色应当没有太大的差别。但不同油脂之间颜色一般没有可比性，这主要与油脂原料和加工工艺有关。

透明度能反映油脂纯度，纯净的油应是透明的。一般高品质食用油在日光和灯光下肉眼观察颜色清亮、无雾状、无悬浮物、无杂质、透明度好。

食用油的储存

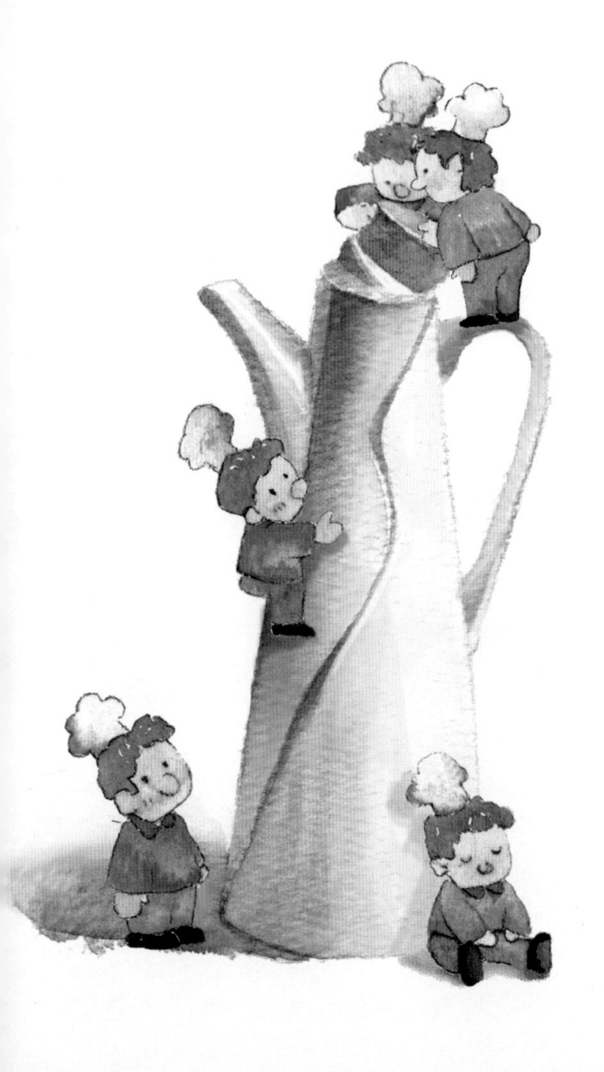

食用油怕直射光、怕空气、怕高温、怕进水，因此在储存食用油时要注意避光、密封、低温和防水。

1 选好容器

放在灶台的分装油瓶不宜用塑料和金属的容器，可以用陶瓷或深颜色小口的玻璃瓶。因为金属离子是较强的促氧化剂，易引起油的氧化酸败。而塑料中的有害物质在长时间高温下可能易溶于油脂，使食用油产生异味。

陶瓷或者深颜色的玻璃瓶可避免因紫外线的照射而使食用油氧化变质。容器最好小一些，减少与空气中的氧气接触面积。容器还要经常换，以防反复使用容器时，容器中的老油加速新油的氧化酸败。容器要滤干水分再用，因为水的混入也会加速油的水解和氧化酸败。

2 隔离空气，低温避光

盛油前应把容器洗净擦干，装油后要盖严盖，避免食用油长时间和空气接触。

食用油应存放在干燥避光处，因为光照和热会显著加速植物油的酸败氧化。在用完油瓶后，也要尽可能远离灶具、暖气等高温热源。

3 生熟不相混

用过的熟油不能和生油混在一起，因为用过的油，尽管尚未氧化酸败，但在煎炸过程中，长时间在高温的条件下与空气接触，已经吸附了大量的氧，部分不饱和键已经氧化，微量的氧自由基已经产生。所以用过的油最好单独倒入一个瓶中保存，而且要尽快用完，另外，煎炸油最好不要反复多次使用。

4 添加抗氧化剂

家庭贮藏大桶油时，民间还有一些小技巧，可选用少许花椒、茴香、桂皮、丁香、维生素C、维生素E等抗氧化剂加入油中，以延缓或防止食用油氧化变质，有利于减轻不饱和脂肪酸及维生素的氧化，防止产生醛、酮类等危害人体健康的物质。食用油基本都在加工过程中进行了抗氧化处理，加入了抗氧化剂和进行了充氮包装，因此，在日常生活中可即买即用，不长期储存，尽快食用即可。建议小包装为宜。

读书多，涨知识

◆ 1.过期的食用油能吃吗？

过期的食用油最好不要再食用了，因为精炼油的保质期主要是靠添加的抗氧化剂来维持的，一旦过期，营养价值和安全性很难保障。

◆ 2.煎炸用过的油可以反复使用吗？

植物性油脂经长时间加热时，不饱和脂肪酸会发生变化，油脂会产生氧化、酸解等反应，油脂的品质和营养会降低，可观察到油的颜色会变深，且变粘稠，味道也会变差。因此，不宜用使用过的植物油来煎炸食品，且不要长期存放。如果要使用煎炸过的油，最好让油静止1—2个小时后，让油中的沉淀物体沉淀，剔除掉沉淀物后再使用。

◆ 3.荤油不能多吃，植物油多吃无妨？

这是个误区，植物油摄入过多，会导致高血压、高血脂等疾病，也会影响人体对食物的吸收。一天除去摄入的动、植物食品中所含脂肪外，一个正常人每天植物油的摄入量在20—25克为宜，有肥胖和高血脂的患者，应该再减少，但不宜少于10—15克，以保证身体的需要。

◆ 4.为了减肥或降血脂可以不吃油？

提倡少油烹调并非鼓励无油饮食，因为适量的油不仅能提供人体所需的脂肪酸，促进人体吸收脂溶性维生素，提供饱腹感，预防胆结石。即便在节食减肥的时候，每天也需要至少20克左右膳食脂肪酸才能维持胆汁正常排出，同时避免因为必需脂肪酸的不足损害身体健康。

◆ 5.长期只吃一种食用油好吗?

家庭不要长期食用单一油品，油要变换着吃，可以适时适当地把各种油脂混合后食用，更有利于身体健康。

◆ 6.只有油大量冒烟才是适合炒菜的温度?

当前大多数食用油精炼后去除了杂质，大量冒烟的时候已经达到250℃左右，不仅导致油发生高温劣变，也会损失菜肴原料当中的维生素等营养物质，还可能产生一些不利于健康的物质，如食品中的油脂、蛋白质、淀粉等加热后形成高聚体，发生结构变化，产生致癌物质等。

◆ 7.食用调和油与色拉油都需要加热食用?

食用调和油适宜烹调时使用，而色拉油又叫速食油，通常可以用作生食、冷餐、凉拌和做色拉之用，其色淡透明无气味。

◆ 8.食用油越贵越好？等级越高越安全?

油的价格与生产油的原料成本，运输成本等有关系，与其自身营养价值没有必然联系，消费者要根据自身特点选择选“对的”油，不一定要选“贵的”油。但一般来说食用油的级别越高，说明各项指标控制的越严格。

◆ 9. 链接标准：食用油的国家标准

大豆油 GB 1535-2003

花生油 GB 1534-2003

棉籽油 GB1537-2003

米糠油 GB19112-2003

葵花籽油 GB10464-2003

玉米油 GB19111-2003

油茶籽油 GB11765-2003

《食用植物油卫生标准》GB2716

《食品添加剂使用卫生标准》GB2760

酸价的测定 GB/T 5530

过氧化值的测定 GB/T 5538

浸出油溶剂残留量、游离棉酚的测定 GB/T 5009.37

黄曲霉毒素B1的测定 GB/T 5009.22

苯并[a]芘的测定 GB/T 5009.27

总砷的测定 GB/T 5009.11

铅的测定 GB/T 5009.12

常温奶
巴氏杀菌
MILK
早餐奶
舒化奶
奶

06 MILK

牛奶及乳制品 ………
增强体质的法宝

牛奶也就是牛乳，营养价值高，保健功效显著，是人体钙的最佳来源，常喝牛奶能够增强体质。市面上牛奶和乳制品种类纷繁缤纷，你是否了解牛奶的功效？知道由牛奶制成的不同乳制品的区别吗？如何科学饮用牛奶？如何科学选购和保存牛奶？

MILK

牛奶自白

牛奶的主要营养成分有水、蛋白质、脂肪、碳水化合物、钙、磷、铁、硫胺素、核黄素、尼克酸、抗坏血酸和维生素A等。

牛奶主要含磷蛋白质、白蛋白及球蛋白。这三种蛋白都含有人体自身不能合成的八种必需氨基酸，因此必须从食物中补充。牛奶中胆固醇含量较低，某些成分还能抑制胆固醇的合成，有降低胆固醇的作用，适宜中老年人饮用。

目前，市面上最普遍的是全脂、低脂及脱脂牛奶，也有一些功能性牛奶，如高钙低脂牛奶等。

牛奶中乳糖含量低，且所含酪蛋白易在胃中形成较大的凝块，所以乳糖酶缺乏症、胆囊炎、胰腺炎、脾胃虚寒等人群不宜饮用。

牛奶变身

1 液态奶

根据食品工艺的不同，牛奶加工后可被分为：

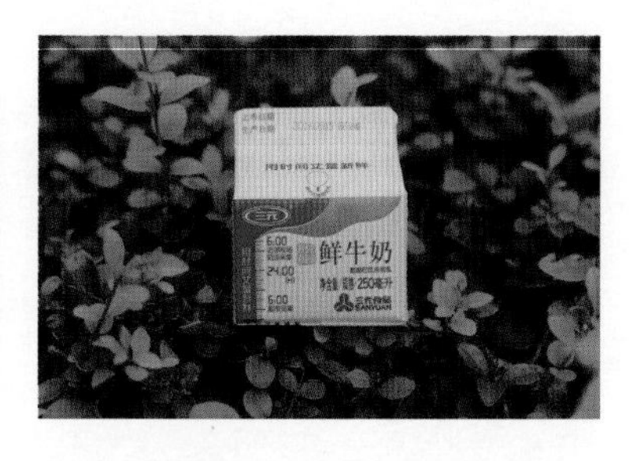

1）巴氏消毒奶

巴氏消毒奶是在约71℃的条件下把牛奶加热15秒，采用巴氏消毒法灭菌生产，产品需全程在4℃—10℃冷藏，最大程度保留了牛奶中的营养成分，是当前最普遍的牛奶消毒方法之一。

2）常温奶

常温奶采用UHT超高温灭菌法(135℃—150℃，2—15秒)，能将有害菌全部杀灭，保质期延长至6—12个月，无须冷藏，但营养物质会有很大损失。

3）脱脂牛奶

脱脂牛奶是将牛奶中脂肪含量降到1%以下，更适合身体肥胖及高血脂人群饮用。全脂奶的脂肪含量在3%左右，低脂奶（半脱脂奶）的脂肪含量在1.0%—1.5%，全脱脂奶脂肪含量在0.5%左右。

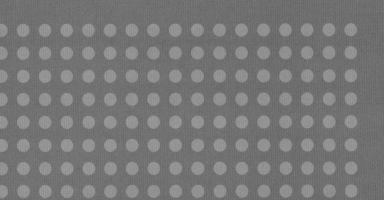

② 奶粉

以牛奶为主要原料，经过杀菌、浓缩等工艺制成的粉末。

奶粉按生产工艺和添加材料的不同，可分为调制奶粉、普通奶粉和脱脂奶粉等；按使用对象不同，可分为婴幼儿奶粉、儿童奶粉、成人奶粉、孕妇用奶粉、老年人奶粉及其他专用奶粉。

4）舒化奶

舒化奶是将牛奶中的乳糖进行一定程度的分解，使牛奶的乳糖耐受性更好。乳糖只有被乳糖酶分解后才能够被人体吸收。如果人体没有这种酶，乳糖直接完整地进入大肠，会导致腹泻等反应。但如果没有乳糖不耐受的情况，就没必要选择舒化奶。

5）高钙奶

在牛奶中加入钙剂后制成高钙奶，适合需要补钙的中老年人饮用。但是，人体对钙的吸收有一定的饱和量，并不是牛奶里添加的钙越多，人体吸收的钙就越多。喝牛奶最重要的是钙的吸收率，不能被吸收的钙还会产生反效果。

6）早餐奶

早餐奶中添加了膳食纤维、糖及核桃、红枣、枸杞等营养成分，长期饮用有一定的健康效果。

读书多，涨知识

1 婴幼儿配方奶粉

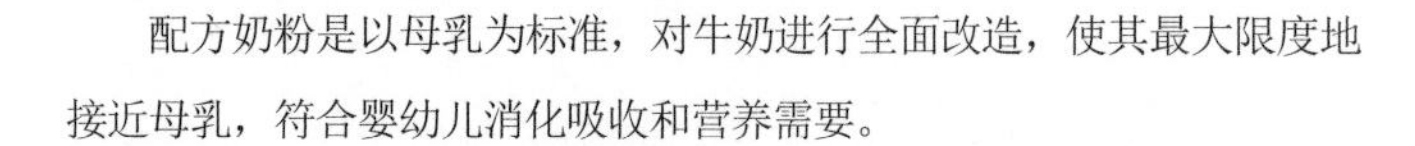

配方奶粉是以母乳为标准，对牛奶进行全面改造，使其最大限度地接近母乳，符合婴幼儿消化吸收和营养需要。

婴幼儿配方奶粉营养成分和功能表		
必需成分	蛋白质	牛奶中蛋白主要为酪蛋白，而母乳中主要是乳清蛋白。配方奶粉中加入乳清蛋白，使蛋白质与母乳相似，更易于婴儿消化吸收
	核苷酸	遗传物质DNA的主要组成成分，有利于婴儿的生长发育
	乳铁蛋白	母乳中的核心免疫蛋白，是乳汁中一种重要的非血红素铁结合糖蛋白。既可满足婴儿生长发育的需要，又可提高婴儿的免疫力
	脂肪(亚油酸、α-亚麻酸)	正常生长发育和维持健康必不可少的脂肪酸
	碳水化合物	提供生长发育和健康必不可少的能量及甜味
	维生素	维生素A、维生素D、维生素E、维生素K1、维生素B1、维生素B2、维生素B6、维生素B12、烟酸(烟酰胺)、叶酸、泛酸、维生素C和生物素等13种成分
	矿物质	钠、钾、铜、镁、铁、锌、钙、磷、碘、氯、锰、硒等12种成分(锰、硒在较大婴儿和幼儿奶粉中属于“可添加成分”)
可选择性成分	胆碱	卵磷脂的组成成分，可提高宝宝记忆力
	DHA和AA	DHA俗名脑黄金，对大脑和视网膜发育起重要作用；AA则对人体的生长发育有重要作用。新生儿期主要通过母乳提供，有利于儿童早期大脑发育和智力形成
	牛磺酸	有利于儿童早期大脑发育和智力形成

2 特殊配方婴儿奶粉

主要适用于一些特殊生理状况的婴儿。此类婴儿配方奶粉，需经医师、营养师指导后，才可食用。依其成分特性可进一步分为：

●不含乳糖之婴儿配方奶粉：

适用于对乳糖不耐受的婴儿。可分为牛乳和大豆为主要原料的无乳糖婴儿配方奶。

●早产儿配方奶：

早产儿因未足月出生，消化系统发育差，此时仍以母乳最合适或使用专为早产儿设计的早产儿配方奶粉，待早产儿的体重发育至正常才可更换成婴儿配方奶粉。

●水解蛋白配方奶粉：

营养成分经水解，食入后可直接吸收，多用于婴儿急性或慢性拉肚子，肠道黏膜层受损，多种消化酶缺乏，或短肠症等症状。

3 酸奶

以新鲜的牛奶为原料，加入一定比例的蔗糖，经过高温杀菌冷却后，再加入乳酸菌发酵培养而成的一种奶制品，口味酸甜细滑，营养丰富，并富含B族维生素。长期饮用酸奶对乳糖不耐有改善作用。

科学选购与保存

购买后应妥善保存并在保质期内尽快食用。

选购注意事项：

1.观察包装是否有胀包，奶液是否是均匀的乳浊液。如发现奶瓶上部出现清液，下层呈豆腐脑状沉淀在瓶底，说明奶已经变酸、变质了。

2.查看标识：是否在食品标签的醒目位置，清晰地标示反映食品真实属性的专用名称。

3.看配料：是以生牛乳为原料还是以奶粉为原料。最好选择本地奶源，运输距离短、中间环节少、可实现较低成本的冷链物流。

4.选购正规渠道的产品：正规渠道产品品质有保障。

5.销售商品储存得当。要求低温保存的乳制品，应该置于低温冷柜销售。

科学喝奶

1 喝牛奶

●不喝生奶，鲜奶要充分加热。但不宜长时间高温蒸煮，否则牛奶中的蛋白质会变性，导致沉淀物出现，营养价值降低。

●牛奶中不宜添加果汁等酸性饮料同喝。牛奶中的蛋白质80%为酪蛋白，与果汁混合后，酪蛋白会发生凝集沉淀，难以消化吸收，严重者还可能导致消化不良或腹泻。

●乳糖不耐症人群可选用酸奶，肥胖及高脂人群可选用低脂牛奶或脱脂牛奶，婴幼儿和老年人可选相应的奶粉，保证其营养成分的均衡适量。

●不宜多饮冷牛奶，会影响肠胃运动机能，引起轻度腹泻。

●含活性益生菌的风味乳加热后会导致活性菌大量死亡，长期存放也会导致活性菌耗尽营养成分大量衰减，故应即购即食，短期储存可冷藏。

●不能用牛奶代替开水服用药物，会影响药效。

●牛奶不宜与菠菜、柠檬、杨梅等含有大量草酸及鞣酸的食物一起服用，这会导致食物在体内结块，不利于消化吸收。

●牛奶不宜和茶水一起饮用。茶中某些成分会影响牛奶中钙的吸收。

2 喝酸奶

●酸奶不能加热喝

酸奶一经加热，所含的大量活性乳酸菌便会被杀死，丧失了营养价值和保健功能，也使酸奶的物理性状发生改变，形成沉淀。

●酸奶不要空腹喝

当你饥肠辘辘时，最好别拿酸奶充饥，因为空腹时胃内的酸度大，乳酸菌易被胃酸杀死，保健作用减弱。饭后2小时左右，饭后胃液被稀释，乳酸菌能够耐受此时的酸度，保持活力，到达肠道。

●不宜与抗生素同服

氯霉素、红霉素等抗生素、磺胺类药物可杀死或破坏酸奶中的乳酸菌，使之失去保健作用。

●酸奶不可以随意搭配

不要和香肠、腊肉等高油脂的加工肉品一起食用。因为加工肉品内添加了亚硝酸盐，会和酸奶中的胺形成亚硝胺，是致癌物。

●酸奶饮用要适量

喝酸奶并非越多越好，要注意适宜人群和用法用量，不要过量食用。

●饮后要及时漱口

饮用酸奶后应及时漱口，保持口腔健康，保护牙齿，避免儿童龋齿。

读书多，涨知识

1 羊奶和牛奶

羊奶与牛奶的对比		
营养含量	蛋白质、矿物质及各种维生素的总含量	高于牛奶，含有200多种营养物质和生物活性因子
	乳固体含量、脂肪含量、蛋白质含量	比牛奶高5%—10%
	12种维生素的含量	比牛奶高，尤其是维生素B和尼克酸的含量比牛奶高一倍
	天然钙含量 / 100g	约牛奶的两倍
	铁含量	低于牛奶
营养吸收	脂肪球与蛋白质颗粒	只有牛奶的三分之一，且颗粒大小均匀，更易被人体消化吸收
	乳蛋白	含量高，蛋白凝块细而软，易被人体吸收利用
	脂肪结构	碳链短，不饱和脂肪酸含量高，呈良好的乳化状态，易于人体直接利用
	酪蛋白结构	含有α-2S酪蛋白和β-酪蛋白，易被酵母分解，适合对牛奶过敏和体质有些弱的人群
	免疫球蛋白	含量非常高，免疫球蛋白与抗生素类药物会带来很多副作用相比，能有效地消灭病毒，保护人体不受伤害
	人体中的吸收率	母乳>羊奶>牛奶

❷ 母乳喂养的优势

母乳与配方奶粉相比，母乳喂养的婴幼儿能更有效地利用母乳中的营养物质和微量元素，也不易患各种感染性疾病，保持正常生长和发育。主要是因为母乳中含有乳铁蛋白、免疫球蛋白和溶菌酶等多种活性蛋白及其他多种营养成分，这是奶粉中所没有的，也不能在实验室中配制的。母乳中的营养物质更容易被消化、吸收，并保护机体免受微生物感染。

07 MEAT

肉及肉制品 ………
人体营养与能量的源泉

肉类能提供锌、维生素B12、钙、铁和维生素A等基本营养素，也是高蛋白质食物，对人的体力和智力的发展有好处。鲜肉的种类有猪肉、牛肉、羊肉、禽肉等，火腿肠和腊肉等肉制品也深受人们喜爱。你知道每种肉类的营养价值吗？如何选购和食用肉及肉制品？

MEAT

鲜肉

（一）了解与选购猪肉

1 猪肉的营养价值

可提供有机铁和促进铁吸收的半胱氨酸，能改善缺铁性贫血；脂肪含量较高，含有人体必需的脂肪酸和丰富的维生素B，可以使身体感到更有力气。

鲜肉的营养成分表（每100克）

	蛋白质（克）	胆固醇（毫克）	铁（毫克）	锌（毫克）	氨基酸（克）
鸡肉	19.3	106	1.4	1.09	<17.5
鸭肉	15.5	94	2.2	1.33	<14.2
鹅肉	17.9	74	3.0	1.16	<16.5
猪肉	13.2	80	1.6	2.06	<12.0
牛肉	19.0	92	2.3	3.22	<17.5
羊肉	19.9	84	3.3	4.73	<18.0
兔肉	19.7	59	2.0	1.3	<18.0
鲫鱼	17.1	130	1.3	1.94	<15.6
对虾	18.6	193	1.5	2.38	<16.9

2 如何选购猪肉？

优质的新鲜猪肉颜色鲜艳，呈淡红或者鲜红色，肌肉均匀，脂肪部分厚度适宜（一般应占总量的33%左右），白而硬，且有香味。表面微干或稍湿，不黏手，肉质紧密且富有弹性，手指压后凹陷处立即复原。正常冻肉呈坚实感，解冻后肌肉色泽、气味、含水量等均正常无异味。

次鲜肉颜色较暗，呈深红色或者紫红色，缺乏光泽，脂肪呈灰白色；表面带有黏性，稍有酸败霉味；肉质松软，弹性小，轻压后凹处不能及时复原；肉切开后表面潮湿，会渗出混浊的肉汁。加热煮熟后水分很多，没有猪肉的清香味道，汤里也没有薄薄的脂肪层，口感上肉质很硬，肌纤维粗。

注水肉肉表面发胀、发亮，非常湿润，呈灰白色或淡灰、淡绿色，肉表面有小水珠渗出，手指触摸肉表面不粘手。

（二）了解与选购牛肉

1 牛肉的营养价值

牛肉含有丰富的蛋白质、氨基酸，能提高机体抗病能力，对生长发育及手术后、病后调养的人在补充失血和修复组织等方面特别适宜。中医食疗认为：寒冬食牛肉，有暖胃作用，为寒冬补益佳品。

●氨基酸和维生素B

牛肉中的肌氨酸含量比其他食物都高，对增长肌肉、增强力量特别有效。此外，牛肉中富含丙胺酸，其可以在摄取碳水化合物不足时，供给肌肉所需的能量，将肌肉从供能不足这一重负下解放出来。同时，牛肉富含大量的维生素B6和B12，前者能促进蛋白质的新陈代谢和合成，增强免疫力；后者对血红细胞的产生至关重要，而血红细胞是将氧气传输到全身肌肉的重要组织构成，此外，维生素B12还能促进支链氨基酸的新陈代谢，供给身体进行高强度训练所需的能量。

因此生长发育期的青少年和运动量大的人群应多摄入牛肉。

●肉毒碱

鸡肉、鱼肉中肉毒碱和肌氨酸的含量很低，牛肉却很高。肉毒碱主要用于支持脂肪的新陈代谢，产生支链氨基酸，对增长肌肉起重要作用。

●矿物元素

牛肉中富含多种矿物元素，如铁、钾、锌和镁等。铁元素是人体血液必备的元素，膳食中缺铁会引发贫血症，即血红蛋白的形成或红细胞的生成不足，以致造血功能低下。饮食中低钾会抑制蛋白质的合成和生长激素的产生，进而影响肌肉生长。锌是合成蛋白质、促进肌肉生长的抗氧化剂，同时也与谷氨酸盐和维生素B6共同作用增强免疫系统。镁可以支持蛋白质的合成、增强肌肉力量，更重要的是可提高胰岛素合成代谢的效率。

●低脂肪亚油酸

牛肉中脂肪含量很低，却富含结合亚油酸——潜在的抗氧化剂，可作为亚油酸的低脂肪来源。而亚油酸可以有效对抗运动中造成的组织损伤并保持肌肉塑形。

2 如何选购牛肉?

一看，先看肉表皮有无红点，无红点是好肉，有红点者可能肉质有问题；后看颜色，新鲜肉有光泽，红色均匀，较次的肉，肉色稍暗；然后看脂肪，新鲜肉的脂肪洁白或淡黄色，次品肉的脂肪则缺乏光泽，变质肉脂肪甚至呈绿色。

二闻，新鲜肉具有正常的气味，劣质肉有一股氨味或酸味。

三摸，首先是要摸弹性，新鲜肉有弹性，指压后凹陷立即恢复，次品肉弹性差，指压后的凹陷恢复很慢甚至不能恢复，变质肉无弹性；其次要摸黏度，新鲜肉表面微干或微湿润，不粘手，次新鲜肉外表干燥或粘手，新切面湿润粘手，变质肉严重粘手，外表极干燥，但有些注水严重的肉也完全不粘手，但可见到外表呈水湿样，不结实。

（三）了解与选购羊肉

羊肉，性温，能御风寒，对一般风寒咳嗽、慢性气管炎、虚寒哮喘、体虚怕冷、腰膝酸软、气血两亏、病后或产后身体虚亏等一切虚状均有治疗和补益效果，最适宜于冬季食用，故被称为冬令补品，深受人们欢迎。

1 羊肉的营养价值

羊肉肉质细嫩，脂肪、胆固醇含量比猪肉和牛肉略少，其中含有丰富的维生素、钙、磷、铁等微量元素，特别是钙、铁的含量显著地超过了牛肉和猪肉的含量。同时羊肉可以增加消化酶分泌，保护胃壁和肠道，从而有助于食物的消化。此外，羊肉还有补肾壮阳的作用，适合体虚畏寒的人食用。

2 如何选购羊肉？

一要闻肉的味道：正常有一股很浓的羊膻味，有问题的羊肉羊膻味很淡而且带有腥臭。

二要看肉质颜色：一般羊肉色呈爽朗的鲜红色，有问题的肉质呈深红色。

三要看肉壁厚薄：好的羊肉肉壁厚度一般在4—5厘米。

四要看肉的肥膘：有瘦肉精的肉一般不带肥肉或者带很少肥肉，肥肉呈暗黄色。

3 绵羊肉和山羊肉的鉴别

从口感上说，绵羊肉比山羊肉更好吃。中医上认为，山羊肉是凉性的，而绵羊肉是热性的。因此，后者具有补养的作用，适合产妇、病人食用；前者则病人最好少吃，普通人吃了以后也要忌口，最好不要再吃凉性的食物和瓜果等。

鉴别绵羊肉和山羊肉有以下几个方法：

1）看颜色。绵羊肉呈暗红色，肉纤维细而软肌肉间夹有白色脂肪，脂肪较硬且脆。山羊肉颜色较绵羊肉淡，只在腹部有较多的脂肪，其肉有膻味。

2）看肉上的毛形，绵羊毛卷曲，山羊毛硬直。

3）看肌肉。绵羊肉黏手，山羊肉发散，不黏手。同时绵羊肉纤维细短，山羊肉纤维粗长。

4）看肋骨，绵羊的肋骨窄而短，山羊的则宽而长。

（四）了解与选购鸡肉

1 鸡肉的营养价值

鸡肉蛋白质含量较高，含有钙、磷、铁、镁、钾、钠、维生素和烟酸等成分，易被人体吸收，有增强体力、强壮身体的作用。

2 如何选购鸡肉？

首先要注意观察鸡肉的外观、颜色以及质感。新鲜卫生的鸡肉颜色白里透红，看起来有亮度，手感比较光滑。

注水鸡肉肉质有弹性，仔细看，会发现皮上有红色针点，针眼周围呈乌黑色，用手摸会感觉表面有些高低不平，似乎长有肿块一样。

（五）了解与选购鸭肉

1 鸭肉的营养价值

鸭肉适宜夏秋季节食用，既能补充过度消耗的营养，又可祛除暑热给人体带来的不适。

鸭肉中的脂肪酸熔点低，易于消化，其所含B族维生素和维生素E较其他肉类多，能有效预防脚气病，神经炎和多种炎症等。

此外，鸭肉中含有较为丰富的烟酸，它是构成人体内两种重要辅酶的成分之一，对心肌梗死等心脏疾病患者有保护作用。

2 如何识别注水鸭？

注过水的鸭，翅膀下一般有红针点或乌黑色，其皮层有打滑的现象，肉质也特别有弹性，用手轻拍，会发出“噗噗”的声音，甚至会从肉里流出水来。

（六）了解与选购兔肉

兔肉性凉味甘，在国际市场上享有盛名，被称之为“保健肉”“荤中之素”“美容肉”“百味肉”等等。

1 兔肉的营养价值

兔肉质地细嫩，味道鲜美，营养丰富，属于高蛋白质、低脂肪、低胆固醇的肉类，具有很高的消化率（高达85%），极易消化吸收。

兔肉富含卵磷脂，有健脑益智的功效；经常食用可保护血管壁，阻止血栓形成，对高血压、冠心病、糖尿病患者有益处，并能增强体质，健美肌肉，它还能保护皮肤细胞活性，维护皮肤弹性。

2 如何选购兔肉?

新鲜的兔肉肌肉有光泽，红色均匀，脂肪洁白或呈乳黄色。外表微干或微湿润，不粘手。肌肉有弹性，用手指压肌肉后的凹陷立即恢复。

肉制品

（一）了解与选购火腿肠

火腿肠是深受广大消费者欢迎的一种肉类食品，以畜禽肉为主要原料，辅以填充剂（淀粉、植物蛋白粉等），然后再加入调味品（食盐、糖、酒、味精等）、香辛料（葱、姜、蒜、豆蔻、砂仁、大料、胡椒等）、品质改良剂（卡拉胶、VC等）、护色剂、保水剂、防腐剂等物质，采用腌制、斩拌（或乳化）、高温蒸煮等加工工艺制成，它的特点是肉质细腻、鲜嫩爽口、携带方便、食用简单、保质期长。

1 火腿的选购

●火腿肠产品实行分级制，以质论价，在产品的标签上会标出该产品的级别，特级最好，优级次之，普通级再次之。产品级别高，含肉比例高，蛋白质含量高，淀粉含量低。

●火腿肠标签上应该标注生产日期、生产厂家、厂家地址、厂家电话、生产依据的标准、保质期、保存条件、原辅料等。如果标注不全，说明该产品未完全按照国家标准生产，最好不要购买。

●选购在保质期以内的产品，最好是临近生产日期的产品。

●选购肉的比例高，蛋白质含量多，口味好的产品。

●肠衣上如有破损，请不要购买。

●低温储存，尽量不要长期在常温下储存。

2 火腿中的防腐剂

火腿肠中可以合法使用的防腐剂是亚硝酸钠。

亚硝酸钠本身并不致癌，在酸性环境中可以与胺类物质反应生成亚硝胺，后者才是一种致癌物。合格火腿肠中的亚硝酸钠含量很低，可以忽略其影响。

另外，亚硝酸钠在和胺反应的时候，如果存在维生素C或者维生素E，就会与它们优先反应，而不生成有害的亚硝胺。因此，在食用火腿或其他肉制品时伴随着吃一些蔬菜水果，是大有裨益的。

（二）了解与选购腊肉

腊肉是指肉经腌制后再经过烘烤（或日光下晾晒）的过程所制成的加工品。腊肉的防腐能力强，能延长保存时间，并增添特有的风味，这是与咸肉的主要区别。

1 腊肉的种类

腊肉以原料分，有猪肉、羊肉及其脏器和鸡、鸭、鱼等之分；以产地而论，有广东、湖南、云南、四川等之别；因所选原料部位等的不同，又有许多品种。著名的品种有广式腊肉、湖南腊肉和四川腊肉。

此外，还有河南的蝴蝶腊猪头，湖北的腊猪头、腊鸡、腊鱼、腊鸭，广西的腊猪肝，陕西的腊羊肉、腊驴肉，山西长治的腊驴肉，甘肃的腊牛肉等。

腊肉的种类

种类	原料	制作方式	特点
广式腊肉	猪的肋条肉	经腌制、烘烤而成	选料严格、制作精细、色泽金黄、条形整齐、芬芳醇厚、甘香爽口
湖南腊肉	选用皮薄、肉嫩、体重适宜的宁香猪	切条、配制辅料，腌渍、洗盐、晾干和熏制六道工序	皮色红黄、脂肪似腊、肌肉棕红、咸淡适口、熏香浓郁、食之不腻
四川腊肉	猪肉	肉切成5cm宽的条状，腌渍、洗晾、烘制	色红似火、香气浓郁、味道鲜美、营养丰富

2 选购与保存

优质腊肉色泽鲜明，肌肉呈鲜红或暗红色，脂肪透明或呈乳白色，肉身干爽、结实、富有弹性，并且具有腊肉应有的腌腊风味。

购买时要选外表干爽，没有异味或酸味，肉色鲜明的；如果瘦肉部分呈现黑色，肥肉呈现深黄色，表示已经超过保质期，不宜购买。

冬季腊肉可以在常温下放在通风、阴凉的地方保存。最好的保存办法就是将腊肉洗净，用保鲜膜包好，放在冰箱的冷藏室，这样可以延长腊肉保质期。

读书多，涨知识

1 熟食烧鸡挑选

烧鸡类的熟食，可通过观察鸡眼睛来辨别质量。一般来说，如果鸡的眼睛是半睁半闭的状态，那么基本可以判断是活鸡制作的，因为病死鸡在死的时候眼睛已经完全闭上。

此外，肉皮里面的鸡肉如果呈现出白色，基本上也可判断出，这是健康鸡做的烧鸡。而病瘟鸡死后一般没有放血彻底，做成烧鸡后肉色会变红。

2 选购火腿时应注意

- 如果发现胀袋请勿食用。
- 火腿肠的表面发粘，请勿食用。
- 选择正规企业的产品。
- 在有合法销售资质的场所购买。

教育部哲学社会科学研究普及读物书目

（有◆者为已出书目）

2012年度

⊙《马克思主义大众化解析》陈占安

⊙《马克思告诉了我们什么》陈锡喜 ◆

⊙《为什么我们还需要马克思主义

——回答关于马克思主义的10个疑问》陈学明

⊙《党的建设科学化》丁俊萍

⊙《〈实践论〉浅释》陶德麟 ◆

⊙《大学生理论热点面对面》韩振峰

⊙《大学生诚信读本》黄蓉生 ◆

⊙《改变世界的哲学——历史唯物主义新释》王南湜

⊙《哲学与人生——哲学就在你身边》杨耕

⊙《人的精神家园》孙正聿 ◆

⊙《社会主义现代化读本》洪银兴 ◆

⊙《中国特色社会主义简明读本》秦宣

⊙《中国工业化历程简明读本》温铁军

⊙《中国经济还能再来30年快速增长吗》黄泰岩

⊙《如何读懂中国经济指标》殷德生

⊙《经济低碳化》厉以宁 傅帅雄 尹俊 ◆

⊙《图解中国市场》马龙龙

⊙《文化产业精要读本》蔡尚伟 车南林 ◆

⊙《税收那些事儿》谷成 ◆

⊙《汇率原理与人民币汇率读本》姜波克 ◆

⊙《辉煌的中华法制文明》张晋藩 陈煜 ◆

⊙《读懂刑事诉讼法》陈光中 ◆

⊙《数说经济与社会》袁卫 刘超 ◆

⊙《品味社会学》郑杭生 等 ◆

⊙《法律经济学趣谈》史晋川 ◆

⊙《知识产权通识读本》吴汉东

⊙《文化中国》杨海文

⊙《中国优秀礼仪文化》李荣建 ◆

⊙《中国管理智慧》苏勇 刘会齐 ◆

⊙《社交网络时代的舆情管理》喻国明 李彪 ◆

⊙《中国外交十难题》王逸舟 ◆

⊙《中华优秀传统文化的核心理念》张岂之 ◆

⊙《敦煌文化》项楚 戴莹莹 ◆

⊙《秘境探古——西藏文物考古新发现之旅》霍巍 ◆

⊙《民族精神——文化的基因和民族的灵魂》欧阳康

⊙《共和国文学的经典记忆》张文东 ◆

⊙《中国传统政治文化讲录》徐大同 ◆

⊙《诗意人生》莫砺锋 ◆

⊙《当代中国文化诊断》俞吾金

⊙《汉字史画》谢思全 ◆

⊙《“四大奇书”话题》陈洪 ◆

⊙《生活中的生态文明》张劲松 ◆

⊙《什么是科学》吴国盛

⊙《中国强——我们必须做的100件小事》王会 ◆

⊙《我们的家园：环境美学谈》陈望衡 ◆

⊙《谈谈审美活动》童庆炳

⊙《快乐阅读》沈德立

⊙《让学习伴随终身》郝克明 ◆

⊙《与青少年谈幸福成长》韩震

⊙《教育与人生》顾明远 ◆

⊙《师魂——教师大计师德为本》林崇德 ◆

⊙《现代终身教育理论与中国教育发展》潘懋元

⊙《 我们离教育强国有多远》袁振国 ◆

⊙《通俗教育经济学》范先佐

⊙《任重道远：中国高等教育发展之路》李元元

2013年度

⊙《中国国情读本》胡鞍钢

⊙《法律解释学读本》王利明 王叶刚 ◆

⊙《中国特色社会主义经济学读本》顾海良 ◆

⊙《走向社会主义市场经济》逄锦聚 何自力 ◆
⊙《中国特色政治发展道路》梅荣政 孙金华 ◆
⊙《发展经济学通俗读本》谭崇台 王爱君 ◆
⊙《“中国腾飞”探源》洪远朋 等 ◆
⊙《社会主义核心价值观的“内省”与“外化”》黄进 ◆
⊙《什么是马克思主义，怎样对待马克思主义
——马克思主义观纵横谈》高奇
⊙《中国特色社会主义“五位一体”总布局研究》郭建宁
⊙《国际社会保障全景图》丛树海 郑春荣 ◆
⊙《社会保障理论与政策解析》郑功成
⊙《从封建到现代——五百年西方政治形态变迁》钱乘旦
⊙《GDP的科学性和实际价值在哪里》赵彦云
⊙《社会学通识教育读本》李强
⊙《传情和达意——语言怎样表达意义》沈阳
⊙《生活质量研究读本》周长城
⊙《做幸福进取者》黄希庭 尹天子 ◆
⊙《外国文学经典中的人生智慧》刘建军 ◆
⊙《什么样的教育能让人民满意》石中英
⊙《正说科举》刘海峰

2014年度

⊙《“中国梦”的民族特点和世界意义》孙利天
⊙《“中国梦”与软实力》骆郁廷
⊙《走进世纪伟人毛泽东的哲学王国》周向军
⊙《社会主义核心价值观与我们的生活》吴向东
⊙《中国反腐败新观察》赵秉志 彭新林 ◆
⊙《中国居民消费——阐释、现实、展望》王裕国
⊙《从公司治理到国家治理》李维安
⊙《“阿拉伯革命”的热点追踪》朱威烈
⊙《中国制造全球布局》刘元春 李楠 张咪 ◆
⊙《小康之后》黄卫平 丁凯 等 ◆
⊙《中国人口老龄化与老龄问题》杜鹏
⊙《中国区域经济新版图》周立群 等 ◆
⊙《钓鱼岛归属真相——谎言揭秘（以证据链的图为主）》刘江永
⊙《走入诚信社会》阎孟伟
⊙《美国霸权版“中国威胁”谰言的前世与今生》陈安 ◆
⊙《如何认识藏族及其文化》石硕
⊙《中国故事的文化软实力》王一川 等 ◆
⊙《文化遗产的古与今》高策
⊙《课堂革命》钟启泉 ◆
⊙《大学的常识》邬大光
⊙《识字与写字》王宁
⊙《舌尖上的安心》乔洁 等 ◆

2015年度

⊙《我们为什么需要历史唯物主义》郝立新
⊙《全面建成小康社会中的农民问题》吴敏先 等 ◆
⊙《法治政府建设的基本原理与中国实践》朱新力
⊙《走向全面小康的民生幸福路》韩喜平
⊙《我们时代的精神生活》庞立生
⊙《习近平话语体系风格读本》凌继尧
⊙《为什么南海诸岛礁确实是我们的国土？》傅崐成
⊙《生活在“网络社会”》陈昌凤
⊙《中国古代发达的农业和农业文明》贺耀敏
⊙《你不能不知道的刑法知识》王世洲
⊙《中美关系：故事与启示》倪世雄 ◆
⊙《如何提高创新创业能力》赖德胜
⊙《身边的数据会说话》丁迈
⊙《中国与联合国》张贵洪
⊙《中国特色的佛教文化》洪修平
⊙《敦煌与丝绸之路文明》郑炳林
⊙《艺术与数学》蔡天新
⊙《走近档案》冯惠玲
⊙《中华传统文明礼仪读本》王小锡
⊙《重建中国当代伦理文明与家教门风》于丹
⊙《文化兴国的欧洲经验》朱孝远 ◆
⊙《中国人民伟大的抗日战争》陈红民
⊙《心理学纵横谈》彭聃龄 丁国盛 ◆
⊙《教育振兴从校园体育开始》王健
⊙《核心素养及其培育》靳玉乐 张铭凯 郑鑫 ◆